U0174791

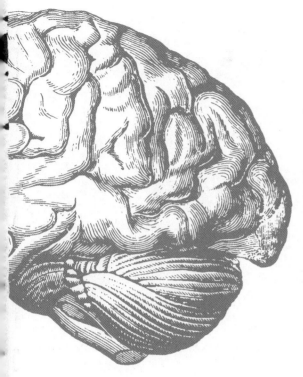

大脑简识

BRAIN
A
KNOWLEDGE

MARCO MAGRINI

[意] 马克·马格里尼 著

孙阳雨 译

菅凤增 审订

北京联合出版公司
Beijing United Publishing Co.,Ltd.

低音

图书在版编目（CIP）数据

大脑简识 / (意) 马克·马格里尼著；孙阳雨译
. --北京：北京联合出版公司，2022.12（2024.4重印）
ISBN 978-7-5596-6512-6

Ⅰ.①大… Ⅱ.①马… ②孙… Ⅲ.①脑科学—普及
读物 Ⅳ.①Q983-49

中国版本图书馆CIP数据核字（2022）第193717号

大脑简识

[意] 马克·马格里尼（Marco Magrini）　著

孙阳雨　译

出 品 人：赵红仕
出版监制：刘　凯　赵鑫玮
选题策划：联合低音
责任编辑：蔺　鑫
封面设计：黄　婷
内文排版：林海泓业

关注联合低音

北京联合出版公司出版
（北京市西城区德外大街83号楼9层　100088）
北京联合天畅文化传播公司发行
北京美图印务有限公司印刷　新华书店经销
字数186千字　710毫米×1000毫米　1/16　15.75印张
2022年12月第1版　2024年4月第2次印刷
ISBN 978-7-5596-6512-6
定价：78.00元

7 | 控制面板

8 | 型号

9 | 常见问题

写在前面

恭喜你购得了这款独一无二的产品，绝对为你量身
打造。请仔细阅读本书，并将其摆放在随时能拿到的地
方，以便在任何情况下都可参阅。

你的大脑为你提供着无可替代的特别服务。有感觉
系统用来感知环境，有神经系统用来控制运动器官，更
有完整的意识用来识别与判断，这些服务随时启动，令
你可以连续多年享受自己的存在感。

著名的发明家托马斯·爱迪生曾说："身体是服务大
脑的工具。"他的说法可能有些绝对，但细细想来也的确
如此。

世界上充斥着上百万种操作手册。在"电子产品手
册下载网"（Manuals Online）上就有超过 70 万种，任
何一个机器都可以拥有一本，比如微波炉、割草机、电
动牙刷、车库门等等。然而在这样一个烦琐信息组成的
"小宇宙"中，竟然没有一本提到这个我们每个人都天生
拥有的重要机器——大脑。

大脑是一台机器。因为它可以同时完成一系列复杂
计算，实时解读来自无数相互关联的"边缘"感受器的

信息，其中最复杂的就是视觉信息。大脑的反应机制可以类比算法，思维就像是在大脑这个硬件中"运转"的软件一样。

不过大脑并不是严格意义上的机器。它既不是硬件也不是软件。有人称之为"湿件"，用"湿"来强调大脑的生物特性。

它是生物进化中最杰出、最神秘的产物。

杰出是因为在整个宇宙中都没有什么东西可以和大脑的复杂性相媲美。而且，元素周期表中组成大脑的原子和组成恒星的原子别无二致，这些原子经过漫长的排列组合过程，最终制造出了思维、语言与行为，然后在此基础上又派生了大量其他产物：历史、哲学、音乐、科学……

神秘则是因为，作为大脑自身产物之一的科学对其仍旧知之甚少，甚至可以说是一无所知。

我们不仅不清楚大脑的具体运作机制，甚至连大脑的本质是什么都还不能达成共识。比如，关于大脑最奇特的功能——意识，就仍然没有统一的说法，数个世纪以来，我们一直对其缺乏了解，而且还点燃了无休止的疯狂争论，参与者还不止神学家和哲学家。再举个例子，就睡眠这种持续失去意识的活动，我们也并未达成共识，有超过二十种理论来解释大脑究竟为何不能持续工作而需要睡眠。而关于睡眠障碍的本质以及睡眠障碍带来的消极结果——如抑郁等，同样没有准确的答案。而且，对于抑郁也并不存在统一的研究方法或理论。这样类似的问题一环接一环可以无限说下去。当然，我们已经知道的东西也有不少。

早期的哲学家常常争论意识究竟存在于大脑还是心脏，其中包括亚里士多德在内的最具权威性的大哲学家都认为存在于后者。如今我们很清楚大脑才是所有脊椎动物神经系统的控制中心。我们也知道大脑的进化经历了哪些阶段，知道大脑的组成物质。我们知道每个细胞都保存有完整的遗传密码，我们还知道如何解读遗传密码。我们有功能核磁共振成像技术（fMRI）、脑磁图技术（MEG）等先进的技术手段帮助我们观察意识活动的情况。我们正在以飞快的速度推进着我们对自身整个系统的认识。

一台冰箱的使用手册是由冰箱制造商来编制的。而人的大脑则是几百万年长期进化而来的产物，只有一代代的人类智慧重构出来的线索才能最终解开这个谜团。人类的智慧正寻求理解自身，这或许是整个进化机制不可避免的一个进化过程。

如果有一本完整的使用手册讲述我们对大脑的全部认知，或至少是我们认为我们所知道的全部知识，那这样一本复杂而深奥的书或许只有神经科学家才能读懂。而你正在阅读的这本手册则是为我们普通的人脑用户编写的。这是一本将复杂知识简单化的科普手册，不过足以解释日常生活中大脑使用过程中的一些功能。

"如果我们人类的大脑真那么简单，那么容易理解，那如此简单的一颗大脑根本就不可能做到理解自己。"这是一句很有名的引言，名望大到它被归到至少三个名人名下[1]。

不过我们可以十分肯定，人类最终能够理解人脑，这只是个时间问题而已。虽然明天不可能完成，但 20 年、100 年、200 年以后，人类的大脑一定能够理解自身。但从大脑开始进化起一直到今日，已经过去了几千几万个世纪。

1　其中一个是爱默生·皮尤（Emerson Pugh），由其子乔治·皮尤（George Pugh）在《人类价值的生物起源》（*The Biological Origin of Human Values*）中指出。另外两个人分别是拉里·张（Larry Chang），出自《灵魂的智慧》（*Wisdom of the Soul*），以及数学家伊恩·斯图尔特（Ian Stewart）。

　　这本使用手册和其他任何一种产品的说明书一样，既不会追溯到我们仍然无知的陈旧过往，也不会畅想现今知识水平根本无可企及的遥远未来。这本手册只探讨目前人类所知道的人脑可以实际做到的事情，不过这些事情比人们想象的多得多。

　　科技的进步，以及近 20 年来神经科学的高速发展在不断印证着圣地亚哥·拉蒙 – 卡哈尔（Santiago Ramòn y Cajal）的直觉判断——这位神经科学之父早在 1897 年就预言："只要愿意，每个人都可以成为自己大脑的雕刻师。"

　　他的大脑和其他用户的大脑一样，知道如何做、为何做，这很好。

1

概述

在过去的每一秒，包括现在"这一秒"中，你的中枢神经系统都在主导着成千上万个化学反应，只是你自己察觉不到。这些化学反应就是大脑用来接收、加工、传递信息的语言。

大脑向来被视为一台机器。每个思想都是时代的产物。勒内·笛卡儿（René Descartes）将其比作一个水泵；西格蒙德·弗洛伊德（Sigmund Freud）则比作蒸汽机；艾伦·图灵（Alan Turing）的比喻是计算机。很显然，图灵的观点更贴合我们这个时代。大脑虽然并非是一台计算机，但此二者之间的相仿程度无可否认，而且二者都以电信号传递信息。

的确，计算机使用的是数字信号（用二进制数学的 0 和 1 表示），大脑使用的则是模拟信号（用差值为几毫伏的可变弧表示）。不过问题比这更加复杂，因为如果模拟信号的总和超过一定阈值，神经元就会"启动"然后向连接着的其他神经元传递电脉冲。而如果这个阈值没有被突破，那就什么都不会发生。因此这种模拟信号也是二进制的：或是或非，或启动或熄灭。

计算机与大脑都会进行计算。但如果说计算机是按照程序结构，也就是按照预设的顺序进行计算的，那么大脑的操作就是平行的，大批量计算同时进行。另外，当前应用于图像领域的微处理器（即图形处理器，GPU）就已经使用了平行处理的科技。

计算机与大脑都需要能量。计算机的能量是以电子形式供应，而大脑的能量则来自氧气和葡萄糖。

计算机与大脑都拥有可扩充的记忆。计算机只需添加或替换硅质的内存条就可以了，大脑则需通过学习、练习和重复来增加神经元之间的连接。

计算机与大脑都是随着时间进化的：计算机的发展速度呈指数增长，每两年计算能力就能翻一番，而智人的大脑则是以原始无脊椎动物的原始大脑为起点，经过了5亿年的时间进化而来的，而且在最近的5万年中几乎没有什么本质性变化。所以尊敬的用户，实际上你所拥有的基本大脑型号和上一代并无差别。

上千年以来人们都坚信，除去学习语言、行走等基本技能的婴儿时期，人脑本质上是静态的、不可变的。一旦大脑受到器质性损伤就无法修复，也无法补偿。人们常常认为，学习不好的孩子在做算数时就一定会遇到不可超越的认知障碍，于是一代又一代的社会不平等现象应运而生。人们还相信不好的习惯和对成瘾性物质的依赖都会伴随人们一辈子，或者一个八十岁的老人不可能拥有五十岁的记忆能力。

不过，从20世纪70年代开始，我们逐渐发现事实恰好相反：大脑在不断变化着，而且改变就来源于大脑自身的机制。这种特性也称为大脑可塑性（brain plasticity），它带来的效果远远超出人们想象。大脑是一台功能强大的计算机，既可异步操作也可并行操作，不过更重要的是它可以不断调整自身的硬件。

大脑的硬件由排列方式极为精巧的原子和分子组成，每个重量为1.35 千克的大脑中包含大约 860 亿个神经元。每个神经元每秒可以激活并向临近神经元发送 200 次多达上千个信号，有人因此估计大脑每秒可以进行 3800 万亿的操作。有种说法称人类只使用了 10% 的大脑，这是没有道理的。不过更棒的一点是，大脑做到这些每小时只需要消耗不到 13 瓦特的能量。世界上还没有哪个计算机能够超越人脑的计算能力（视觉、听觉或想象能力也包括在"计算"范畴），或者超越这种杰出的耗能效率。但这仅仅是冰山一角。

几乎所有人体细胞都会生成然后凋亡，持续不断——是的，几乎所有人体细胞，但神经细胞例外，它们是唯一一种始终伴随你存在步伐的细胞——从生命的第一天直到最后一天。归根结底，是神经细胞铸成了你自己，你的性格、能力、才华、学识、词汇量、喜好、口味，甚至连对过去的记忆都是以某种方式写入你的个人神经结构之中的。这种神经结构特殊到世界上再没有另一个大脑与你的完全相同，就算是双胞胎兄弟姐妹也不可能。

上述机制至少能够在一定范围内修正自身硬件的缺陷。当一个区域遭到意外损伤后，大脑通常能够重新组合，进行调度以补偿缺失的链接环节，这在本质上就是自我修复。如果说这种修复机制适用于偶尔出现的严重损伤（比如失明之后，不再使用的视觉大脑区域开始为其他感觉功能工作），那么对于小规模损伤的大脑就要持续不断地修复，因为随着年龄的增长，很多神经元都会死亡而且一去不复返。不过仍然活跃的神经元知道如何重组以保证机体随着年龄继续增加却不会出现生命危险。但一个硅质的处理器就根本无法与之相比，一个有缺陷的晶体管足以中断整个精密机器的运行。

当我们谈到神经突触重组，也就是数量估计在 150 兆的神经元之间的连接的时候，大脑没必要像处理紧急情况一样去面对，而是自然而然就发生了。

　　一个神经元对与之相连的上百个神经元的影响可以很强、很弱或是中等，这取决于每个突触的强度和连接性。加拿大科学家唐纳德·赫布（Donald Hebb）于1949年提出过一个规律："一起激活的神经元会连接在一起（Neurons that fire together, wire together）。"一起激活的神经元会彼此牵连，增强彼此的连接强度。大脑以这种方式不断地重构，建立新的突触，巩固旧的突触，删去没用的突触。以学习为代表的大量脑功能都是由这种持续的突触修复活动以及突触之间的强度、连接性来决定的。总之，与数个世纪以来人们的信念相反，人脑根本不是静止的、不可变的：

- 某些情况下大脑能够自我修复；
- 一名"学习落后"的孩子也能学会学习。需要教会他的是如何学习，而非羞辱或鼓励他；
- 任何一种坏习惯，不论是令人深恶痛绝还是十分轻微，都可以改掉。就算是极为严重的成瘾现象（比如重度电子游戏沉迷），也可以得到控制或完全克服；
- 一位老人也可以保持年轻成人的记忆能力，只要不停地学习、锻炼大脑；
- 相反，长期的高压状态，或是某种创伤后压力综合征会为大脑带来不可预测的变化，并长期影响神经元之间的连接。
- 注意：在某些情况下，如果大脑机器工作出现缺陷，可能预示着某些病症或我们不愿看到的结果，这都不在这本单纯以科普为目的的使用手册的探讨范围内，建议还是听从专家的意见进行治疗。

如果用户的大脑正常运行，你就会发现你有能力改变、修正、调和自己至少一部分突触结构，方法几乎只能是通过意志力，也就是意愿的确立来达成，其实简单来说就是你能决定自己的人生。在还没有确认任何一个拥有高级智慧的外星人之前，智人的大脑就是宇宙中最复杂、最震撼、最美妙的东西。其复杂性使得神经元能够制造思想、智慧和记忆，而且专为每位用户定制。其震撼性在于，大脑这种生物机器的计算能力和效率仍然远超世界上的任何机器。最后就让我们一起感受一下大脑的美妙性吧！

1.1 技术细节

重量（平均值）	1350	克
重量与整体体重比值	2	百分之
容量（平均值）	1700	毫升
长度（平均值）	167	毫米
宽度（平均值）	140	毫米
高度（平均值）	93	毫米
平均神经元数量	860	亿
神经元直径	4～100	微米
神经元的静息电位	−70	毫伏

续表

每个神经元的钠泵数量	100	万
突触数量	>1 500 000	亿
皮层灰质 / 白质比例	1：1.3	
神经元 / 神经胶质细胞比例	1：1	
大脑皮层内神经元数量（女性）	193	亿
大脑皮层内神经元数量（男性）	228	亿
皮层中损失的神经元数量	85 000	每天
有髓神经纤维总长度	150 000	千米
大脑皮层总面积	2500	平方厘米
大脑皮层的神经元数量	100	亿
大脑皮层内突触数量	600 000	亿
大脑皮层层数	6	
大脑皮层厚度	1.5～4.5	毫米
脑脊液容量	120～160	毫升
脑脊液酸碱度（pH 值）	7.33	
颅神经数量	12	
血流量	750	毫升 / 秒
耗氧量	3.3	毫升 / 分
耗能量	>12.6	瓦特
电脉冲最大速度	720	千米 / 小时
运转温度	36～38	摄氏度

1.2 系统版本

此版本大脑为 4.3.7 版（G-3125）[1] 的神经系统，经过上千万年的基因改善进化，足以为该星球上的人类生命提供一个完整的旅程。关于更新（目前无法使用）的操作指导，请参考未来版本章节。

1　4.3.7 版本（G-3125）的命名来源：
4= 无脊椎动物 / 脊椎动物 / 哺乳动物 / 灵长类动物
3= 人科 / 南方古猿 / 人属
7= 能人（Homo habilis）/ 匠人（Homo ergaster）/ 直立人（Homo erectus）/ 前人（Homo antecessor）/ 海德堡人（Homo heidelbergensis）/ 智人（Homo sapiens）/ 晚期智人（Homo sapiens sapiens）
G-3125= 现代人（晚期智人）大脑出现的世代数（估计值）。

　　从解剖学上来讲，你的大脑看似是一个独立的东西，其实不是。人们经常将大脑理想化成一个神经元的网络，不过这种看法太过简单。如果非要定义一下的话，我们可能得将其看作是一个网络的网络的网络。

　　每一个脑细胞都可以看作是一个基础的微型网络，由它本身包含的基因指令控制着，通过离子通道、钠钾泵和其他复杂的化学机制来控制**膜电位**，即膜内外的电压差。不过事实上这样的独立计算单元并没有什么太大作用，神经元只能通过与其他神经元之间的联通来表现其力量。

　　因此信息并不储存在脑细胞内，而是存在于脑细胞之间的连接——**神经突触**里。

　　一个典型的神经元可以与上千个相似的突触后的神经元相连接。相邻的神经元组成神经核，也就是一个个功能单元，比如仅在杏仁大小的下丘脑中就有多达15个**神经核**，每个神经核都有分工；或者连接成链构成**神经回路**来控制特定的大脑功能，比如睡眠、注意力等。就是这样一个伟大的网络之上的网络造就了意识与智慧。

如果没有另外一个平行网络的话，系统也不会像现在这样高效。这层网络就是**神经胶质细胞**，它们紧紧地包裹着神经元，作用是滋养、净化神经元，为其提供氧气，并且调整**轴突**——神经元的长途高速立交桥——的超高速度，用一种称作**髓磷脂**的乳白色脂质成分将其覆盖，简单来说就是为了扩大信号。**大脑皮层**则与神经核相反，依次分成六层，其高效率来源于距离较远信号之间的快速传递。人们估计大脑中有髓神经纤维的总长度（从连接大脑两个半球的丰富白质——**胼胝体**开始算起）大约有 15 万千米长，几乎是地球赤道周长的四倍。

在这个异常复杂的网络上，我们还可以再加上其他队员，包括**左右半脑**（控制着对侧的身体）、四个脑叶和大脑皮层的不同功能区（指挥思想和执行功能）以及其他所有大脑机器的零部件，每个部件都拥有特定的神经元数量和神经元性质，按等级划分，各有各的职位，各有各的任务。换句话说，大脑网络就是由多层级网络构成的。

神经元在人类思维的超级网络中运筹帷幄，制造了无数奇迹，吉萨金字塔、《蒙娜丽莎》、莫扎特的《安魂曲》、万有引力定律或进化论的发现等等也只是其中的一小部分。

2.1 神经元

根据一些估算数据，一个拥有平均体重的成年男性由 37 万亿个细胞构成。因此，不论你是一位身材苗条的女士还是一位健壮的小伙子，要想建造一个像你一样的标本需要用掉数量级巨大的生物砖块。

然而，去除那些构成骨头、血液、内脏和皮肤的脆弱细胞，还有另一类细胞唱着不同的曲调：那就是神经元。

构成大脑的这些砖块有着十分奇特的性质。首先，神经元很容易对电信号产生反应，在一个由上千上万亿链接组成的错综网络中，它们彼此传递着电脉冲和化学脉冲，这些信号以超过百千米每小时的速度在几毫秒的时间内到达目的地。

根据估算，你的大脑中大概有860亿[1]个神经元，它们从你出生一直陪伴着你直到死亡，与身体其他细胞不同，绝大多数的神经元都能在你存在于世的整个过程中保持活性。正是这种经由复杂脑细胞网络进行的电化学信息传递让你在此时此刻能够阅读并理解，也正是这个网络让你能够制造记忆、思想和感情。当然，也还有很多其他功能。

神经元的中心体叫作**胞体**，胞体极其微小（最小的只有4微米宽，也就是25万分之一米），但在某些情况下神经细胞可以伸展至数厘米长，也就是自身长度的几万倍。这些长距离的延长部分称作**轴突**：每个神经元都只有一个轴突，有点像是根连接线，将信息传出自身细胞并输送给其他神经元。细胞上还有其他长度较短的延长结构，称作**树突**：每个神经元拥有多个树突，因此神经元的外形看起来有很多枝杈，就像接收数据线一样截获信息然后再传入细胞内部。

---

1 很多书上引用的神经元数量近似值都是1000亿。根据2009年的一项研究［弗雷德里克·阿泽维多（Frederico Azevedo）、苏珊娜·赫尔库拉诺 – 胡泽尔（Suzana Herculano-Houzel）等，《神经元细胞与非神经元细胞等量使得人类大脑成为等距成比放大的灵长类动物大脑》（*Equal numbers of neuronal and nonneuronal cells make the human brain an isometrically scaled-up primate brain*）］显示，实际数值要比1000亿低14%。

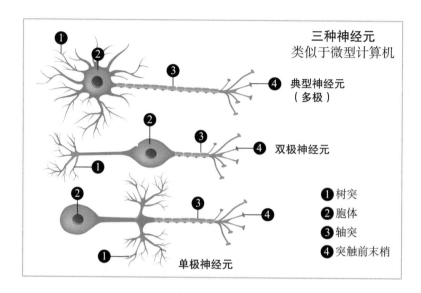

神经元可以有很多不同的形态（根据计算有超过 200 种），不过最显著的差异还是在于神经元在大脑网络内部所起到的不同功能。**感觉神经元**（也称"传入神经元"）接收从器官（如眼睛）和组织（如皮肤）向中枢神经系统传输的信号。**运动神经元**（也称"传出神经元"）则负责将运动类的信号从中枢神经系统经过脊柱传向外周器官，一直到脚趾。此外还有**中间神经元**，也就是所有除感觉神经元与运动神经元之外的神经元，正是它们构筑的伟大而复杂的链接网络制造了人类的智慧。

神经元之间在动能上发生联系的部位称为突触，突触在大脑中数量极多，它是由突触前膜、突触后膜和两膜之间一个极小的空隙——突触间隙组成的。

神经元所使用的语言来源于一些不同的分子——神经递质，它们听从细胞的命令而行动。**动作电位**（即细胞内通过的几毫秒的电压差）会触发神经递质（如多巴胺、血清素或去甲肾上腺素等）的释放，命令就是这样传到接收细胞中的。一个神经元发出动作电位时就会"激活"，并将信息传送至接收神经元，从而刺激这个接受神经元，使其激活或抑制。

这个信息系统已经足够复杂了，但还可以在此之上加入神经元的电信号律动，也就是我们通常提到的**脑波**。脑波是一种有规则的节律，不同脑波的频率（以赫兹 Hz，即每秒的周期数为单位计算）也不相同，与具体的大脑区域以及清醒程度（比如深度睡眠和兴奋状态）有关，于 20 世纪 20 年代随着第一批脑电图机器的诞生而被人们发现。

脑波种类	赫兹	相关状态	事例
Delta（δ）	1～4	深度睡眠（非快速眼动期）	进入无意识状态、不能支配身体
Theta（θ）	4～7	快速眼动睡眠、冥想	睡着并梦到进行了一次美妙的旅行
Alpha（α）	7～12	平静状态、放松状态	思考何不真的来一次美妙的旅行呢
Beta（β）	12～30	思维集中、耗费智力的活动	计划两个星期旅程中的飞机、酒店和租车事项
Gamma（γ）	30～100	高度警惕、焦躁	发现银行存款不足

此外神经元网络还拥有一种平行的交流系统——**电突触**。和化学突触比起来电突触更加迅速、更加数字化（信号只有开 / 关两种），缺少长距离的轴突，而且只涉及相邻的神经元，这些神经元的胞体之间经常是连接在一起的。电突触只存在于那些以特定**神经元路径**组成的**神经核**或神经元群中，就好像是演奏不同乐谱的很多个交响乐团一样。神经元循着这些路径，通过化学突触彼此相连，但也同时由电突触相接，电突触负责协调这个由上百万个神经元"音乐家"组成的乐团活动。在这些神经细胞之间流通的持续而同步的电脉冲正是脑波。

起初人们研究脑波是因为它与睡眠机制密不可分，如今我们已经确切知道脑波在神经传导、认知功能和行为功能中起着关键性作用。至少它可以让神经元同步，并赋予每个神经元乐团一个节奏。不过或许它的作用还不止于此。脑波的节律或许和意识之谜相关，不过至今还没有确切的结论。

2.1.1 树突

树突是你所遇到的最繁茂、最复杂的森林了。这里有数十亿棵树、上千亿个分支、上万亿片树叶，均彼此相连，以便从森林的一个角落到另一个角落进行沟通。这座森林十分令人着迷，既是因为它那不寻常的美感，也是因为它所制造的奇幻产物。

神经元的树突，也就是神经细胞的接收信息的部位，外形非常像树木，也因此得名。树突的延伸部分分裂成很多枝丫，根据神经元种类的不同，有的像松树，有的像栎树，还有的像是猴面包树或柏树。

除了树枝之外还有树叶，长在树突上就被奇怪地称作"**棘**"[1]。树木的树叶是吸收太阳光、进行光合作用的接收终端，树突的棘也是这样，它们作为接收终端负责接收来自其他神经元传送的信息（但不是所有神经元都具有这种带棘的树突）。

而且就像每个森林一样，树木的分枝和神经元的树叶从来都不是静止的。直到近十年人们才证实了树突和树突棘对大脑可塑性（也就是大脑能够持续改变神经元连接以适应输入信息的能力）起到的关键作用。学习与记忆都取决于突触间联系的强弱，以及新树突棘和新树突的产生。

---

[1] 树突棘在电子显微镜下看起来真的很像树叶，但这一点对于仍在使用光学显微镜的神经科学先驱们来说是无法发现的。

大脑的可塑性不是抽象的，而是大脑的一种物理性变化，新枝新叶出生，已经干枯的枝叶凋亡。世界上的每个森林都在重复着这个过程，不论是植物森林还是大脑森林。

2.1.2 胞体

神经元的指挥中心称为胞体，它是神经细胞的中心体，从这里开始延展出树突和轴突。胞体生产必要的能量，制造并组装部件。胞体的外部是一层由脂质和氨基酸链构成的膜，保护神经元不受外界环境破坏。胞体的内部有一套分工明确的机械系统，从细胞核开始，既做档案馆又做工厂：保存——DNA，生产——RNA。DNA 内储藏着用来生产生存必需蛋白质的全部遗传信息；RNA 则负责蛋白质的合成。

胞体中的线粒体用氧气和葡萄糖来生产必需的燃料——ATP（三磷酸腺苷），和身体其他细胞里的线粒体一样，只是数量要庞大得多——没有比神经元胃口更大的细胞了。

2.1.3 轴突

一个神经元上负责接收的树突数量非常多，但轴突就只有一个。每个脑细胞用来向其他类似细胞传送信号的高速路只有一条。

树突生长在胞体周围不超过几微米的范围内，而轴突则可以延伸至数十厘米长，相比较神经元的整体大小来说这个距离可是相当可观的。

树突像树木的枝杈一样会慢慢变尖，而轴突则一直保持着直径不变，直到它分裂成很多小的传送分支，连接着无数其他神经元的突触，这些小分支被称作**轴突末梢**。

此外神经元的接收和传递末梢还有另外一个显著区别：到达树突

的化学信号可强可弱，可以是中间任何一个强弱级别，但穿过轴突的电信号只能是存在或不存在、启动或关闭。从这一角度看，我们可以说树突使用的是模拟信号，而轴突则基本是由数字信号控制的。

轴突的任务不仅仅是远距离传输信息，它还能以更高的速度进行传送，最高可达 720 千米每小时，即 200 米每秒。其速度取决于轴突的直径，而且尤其取决于将轴突与外界干扰相隔离的**髓鞘**的厚度。可用的髓磷脂数量和轴突的频繁使用之间存在直接的联系。真正的高速公路会因为过多的汽车经过而磨损，不过神经元高速公路则与之相反，从中经过的电脉冲越多它就越坚固。

整个轴突起始于**轴锥**，也就是胞体上开始收缩以形成轴突的点。轴锥有点像是全过程的计算中心，加法和减法都在这里进行：如果计算结果超过某一阈值，它就会引发神经元激活，诱发出运动电位。在这样一个事件中，细胞膜上的电位逃离只需几毫秒的时间，所以可能每秒内都能连续发生几十次甚至几百次类似的过程。

髓鞘上有一些极小的、规则的间断（称为**朗飞氏结**，也称兰氏结），间断处的轴突是暴露在外的。可以扩大动作电位的钠离子在朗飞氏结上通过一种离子通道进出细胞，以此种方式从一个髓鞘跳跃到另一个髓鞘，其传导的超高速度没有髓磷脂是根本无法达到的。

的确，人类智慧非常强烈地要求髓磷脂的存在。很多髓磷脂缺失的病理现象，如多发性硬化症，会阻碍动作电位的传导，从而导致大脑机器无法正确运转。

所谓皮层**灰质**的颜色其实来源于高度集中的神经细胞。而皮层**白质**的颜色则是髓磷脂带来的。轴突组成了胼胝体（即两个大脑半球之间的连接区域）的白质部分，其占据的空间比所有胞体、树突和树突棘的全部总和还要多。

2.1.4 突触

继树突、胞体和轴突之后，我们终于来到了神经元的终点：突触。突触是一个（**突触前**）**神经元**的轴突终末和另一个（**突触后**）**神经元**的树突或细胞体的连接。不过有意思的是，这两个部分并不实际接触。突触的第三个组成部分正是突触前和突触后之间的这个极小的空间（只有 20～40 纳米）——**突触间隙**。神经元森林的迷人奇迹就在这里发生：人类智慧的细胞正是在这个点上运用化学词汇彼此进行沟通的。

轴突终末用一个个被称为**突触囊泡**的小球保存着神经递质。在动作电位的指令下，突触囊泡释放神经递质，通过突触间隙接触到下一个神经元的受体，这样就能引发信号的传递，不论这个信号是兴奋还是抑制。这只是你大脑中那条奇妙的信号链中的一环，每秒都能发生上百万次，所以你才能够回忆过去、规划未来、享受当下。

想要估算人脑中所存在的神经元数量平均值有几种方法可选，但计算突触的数量却似乎是一件永远无法完成的任务。不仅是因为突触比神经元小得多，还因为它们以错综复杂的状态像森林一样交织在一起，另外，在人的一生中，突触的数量也在逐渐减少。

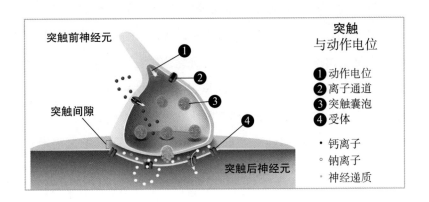

一个神经元可以和上万个神经元相连，就连大脑的最远区域都能连接。锥体细胞是大脑皮层上分布最广泛的一种神经元，也是智人大脑最出众的一个特征，每个锥体细胞可以拥有5000~50 000个接收连接点，即突触后连接点。浦肯野细胞是另外一种神经元，它的连接点可以多达10万个。根据一些人的估算，一名年轻成年人的突触数量应该在150万亿个左右。

然而，重点还不在这里，而是在神经元网络的爆发力量，在整个网络的指数函数计算上。

我们选取一个标准的神经元作为例子，假设它"只"和另外1000个神经元沟通。这1000个神经元中每个也潜在地与另外1000个神经元相连，如此算来到了第二步——在短短几毫秒的时间内——信息就传达到了100万个神经元（1000×1000）。到了第三步，我们还是荒唐地假设它们每个都与1000个神经元相连，信息传递到的神经元总数就到达了10亿（1000×1000×1000）。其实，这个计算没什么意义，因为不同种类的神经细胞、不同神经核和不同神经回路让实际情况变得更加复杂。不过我们还是能从中了解到整个机制的强大之处。据说传奇般的匈牙利解剖学家亚诺什·圣阿戈陶伊（János Szentágothai）曾经计算过每个神经元之间也存在着"六度分隔"，与那部讲述人类之间紧密关系的同名电影（*Six Degrees of Separation*）一样。不过"六度"算是极端情况了。通常来讲神经元之间的分隔距离会更小，从大脑的一端传到另一端所需要的时间短到我们无法想象。一个细胞每隔几秒就会激活一次，但也完全可以每秒激活200次。

突触也是大脑可塑性的一部分。曾经人们认为突触是固定不变的，而如今我们知道突触连接可以改变强弱，也就是改变对接收神经元影响能力的大小。一切都取决于突触是如何使用的：有越多机会被激活，两个大脑细胞之间的连接就会变得更加强大而稳定。这一现象被称为**长时程增强**（LTP），对于学习机制和记忆机制有很重要的实践意义，从另一角度讲，对解释习惯形成及依赖的机制也很有帮助。

2.2 神经递质

大脑以神经递质为语言进行交流。在任何一个时刻，不论你在读书还是欣赏风景，都会有一股化学风暴持续穿过你的大脑。上百万个微观分子一刻不停地离开神经元上的突触囊泡，穿越突触间隙，与另一个神经元上的受体沟通，每个分子都携带着自己的化学信息。大脑利用神经递质来告诉心脏需要跳动，告诉肺要呼吸，告诉胃要消化。但这些分子也可以用来发号施令让你睡觉、集中注意力、学习、遗忘、兴奋或是放松。是的，所有这些，包括人类行为中最理智的部分和最无意识的部分，都是由神经递质所进行的复杂互动来调节的。现在已经发现的神经递质种类超过一百种，但不排除还有其他我们尚未发现的种类存在。

突触的信息可以分为兴奋性和抑制性两种，判断标准不定，既取决于一个神经元发出的是哪种神经递质，也取决于临近神经元负责捕捉这些神经递质的受体。不过这个神经元可以和另外几千个其他神经元相连，每个神经元都有同样多的突触，所以一个神经元会同时接收到来自成百上千个神经元的脉冲。兴奋和抑制的信息会"叠加"在同一个细胞内部，通过复杂的离子泵系统来调节钠离子和钾离子的进入与释放，保证细胞膜的"静息"电位稳定在 -70 毫伏。兴奋性神经递质的作用是提高周围膜电位的电压，而抑制性的神经递质则会降低膜电位的电压。如果提高与降低的结果净值超过一定的量（通常是 -30

毫伏），神经细胞就会被激活，引发动作电位，电脉冲穿过轴突下达命令，引发又一场神经递质的释放。如果没有超过这个标准，什么都不会发生。

不过神经传递的复杂程度远超电压的简单数学加减，因为信使分子是以相互组合或相互排斥的方式来行使职责的。这样，其功能就变得非常宽泛，完全可以包含我们的推理、回忆和情感。瑞典研究员胡戈·勒夫海姆（Hugo Lövheim）提出了一种血清素、多巴胺和去甲肾上腺素交叉效果的分类方式。根据他的模型，这三种分子的高低水平比例决定了几种基本情感。比如说，愤怒就是高水平的多巴胺和去甲肾上腺素加上低水平的血清素带来的表现。

	血清素	多巴胺	去甲肾上腺素
羞愧	▽	▽	▽
痛苦	▽	▽	▲
恐惧	▽	▲	▽
愤怒	▽	▽	▲
恶心、厌恶	▽	▲	▽
惊讶	▲	▽	▲
舒适、愉悦	▲	▲	▽
感兴趣、兴奋	▲	▲	▲

▲ = 高
▽ = 低

当然了，事实还是更加复杂的，至少是因为这个调色板上还有很多种信使分子处于不断的互动中。此外还有一个完全不能忽略的细节：突触"机关枪"的弹夹——突触囊泡中的"子弹"并不是时刻都能供应的。

神经递质不能无限提供。它们在接触到突触后受体之后就会迅速失去活性，然后进行再循环，要么被带到突触囊泡中再次作为补充资源（这一过程叫作**再摄取**，也称重新吸收），要么被消除甚至被摧毁。你的大脑很可能就是一些分子供应不足的受害者。营养缺乏、压力过大、药物、毒品、酒精，包括基因特质都会影响神经递质的储存，从而导致大脑机器不能以最佳状态运转。

有些神经递质，如多巴胺、血清素、乙酰胆碱、去甲肾上腺素等，它们也能充当**神经调节物**。如果将神经传递的过程比作用激光精准投射到突触后神经元上的话，那么神经调节就像一种喷雾一样。只需少量的神经元分泌一些神经调节物就可以影响到很多其他区域的神经元，调节它们的活动。另外还有睾酮、皮质醇等**激素**也可以混入本就熙熙攘攘的突触活动中，影响神经传递。

γ- 氨基丁酸

这是能起到抑制作用的一种神经递质。γ- 氨基丁酸，或称GABA，是突触的主要抑制因子。大量的 γ- 氨基丁酸可以起到放松效果，并有利于精神集中，量少时则会引发焦虑。因此增加 γ- 氨基丁酸数量的药物具有放松、抗痉挛、抗焦虑的作用。

谷氨酸

一种典型的兴奋性神经递质，也是最常见的一种，大剂量的谷氨酸对神经元有严重毒性。适量的谷氨酸在认知过程，如记忆和学习中起到基础性作用，同时也对大脑发育有帮助。

肾上腺素

肾上腺素是一种"战斗或逃跑"的神经激素，在个体经受精神压力时产生。它主要与恐惧和警惕状态相关，可以增加肌肉中的血流量和肺部的氧气流量，以帮助个体进行战斗或逃脱危险。肾上腺素也是由肾上腺分泌的激素，同时也是一种神经递质。

去甲肾上腺素

去甲肾上腺素是一种兴奋性神经递质。它能控制注意力，控制"战斗或逃跑"的反应，增加心脏跳动速度，因此也会增加肌肉中的血液流量。高水平的去甲肾上腺素能引起焦虑，低水平的则与精神集中困难和睡眠障碍有关。

血清素

血清素为个体带来舒适的感觉，作为抑制性神经递质能够平衡神经元偶然产生的过度兴奋。它能控制疼痛、消化，与褪黑素一起调整睡眠机制。低水平的血清素与抑郁和焦虑相关，所以很多抗抑郁药物都是通过增加血清素来起作用的。血清素也能通过体育锻炼和晒太阳等自然方式来获得。

多巴胺

多巴胺是神经递质中的超级明星。它的曝光率如此之高可能是因为这种分子和奖励机制与感受快乐有关。多巴胺作为兴奋性神经递质也有可能会抑制神经元，和习惯与依赖机制紧密相关，所以其实将其简化成"快乐分子"并不妥当。根据最新的一些研究，我们或许可以说它是一种关于意愿的神经递质。多巴胺对一些技巧性功能也起到关键作用，比如注意力和运动控制。根据具备多巴胺受体的神经元和相关大脑回路的分布，我们可以划定出一个**多巴胺能系统**，包括七条"通路"，它们均传递多巴胺分子，还能起到神经调节作用。其中三条最主要的分别是中脑边缘系统通路、中脑皮层通路和黑质纹状体通路，所有通路均从间脑开始然后导向大脑中更高的层级。

乙酰胆碱

人体中数量最充足的神经递质。乙酰胆碱在边缘神经系统中的作用是刺激肌肉运动，不过在中枢神经系统中它则负责兴奋与奖励，对学习起到帮助作用，并影响神经元可塑性。乙酰胆碱也是一种神经调节物质，存在于脑脊液中，所以也能影响到毫不相关的神经元区域。

催产素

想要增加大脑中的催产素含量，只需接吻、拥抱或是性交就可以了。此外喂食母乳也可以增加催产素，这种激素兼神经递质满溢在母子双方的大脑中。换句话说，用自然方式增加催产素必需要两个人才能完成。它被称为"依恋分子"，因为可以产生舒适的感觉，促使感情关系或亲子关系的建立。人们普遍认为催产素与很多生理功能都有关系，比如勃起、怀孕、子宫收缩、分泌乳汁、社交关系和压力等。催产素的有无会对一个人的社交能力和精神状态产生影响。合成的催产素在一些国家的市面上有售，通常是吸入型气雾剂形式，是一种娱乐药物。

抗利尿激素

抗利尿激素既是激素、神经递质，又是神经调节物质，它由九种氨基酸构成。除了控制血管收缩、抗利尿等最单调的工作，抗利尿激素在人脑中还负责一个非常关键的功能：延续种族。抗利尿激素会影响社交行为，比如鼓励性行为或寻找配偶。有人用橙腹草原田鼠（Microtus ochrogaster）做过实验：这是一种实行严格一夫一妻制（在哺乳动物中十分罕见）的仓鼠，生活在美国中西部，如果给它们去除抗利尿激素，也会以离开配偶而告终。

睾酮、雌二醇、黄体酮

中枢神经系统是用神经递质来传递自身信息的，而内分泌系统使用的则是激素。所谓的性激素，如上图所示的睾酮（男性）、雌二醇和黄体酮（女性），对胎儿大脑的发展扮演着决定性角色，决定了成

年人大脑两种可能模式的微小而敏感的差别。男人和女人都既会分泌
睾酮又会分泌黄体酮，但其相对比例有着天壤之别。

皮质醇

皮质醇也并不是严格意义上的神经递质，但同样也是能对大脑机
器产生微妙影响的一种分子。它由肾上腺分泌（听从下丘脑的命令），
是复杂的长期危险应答机制的一环。皮质醇也被称为"压力激素"。
人们发现如果皮质醇长期保持高水平的话，就会对大脑海马造成损
害，还会引起大脑加速老化。此外，皮质醇还会干扰学习过程。

内啡肽

内啡肽指的是一整类阿片类物质，也称"脑内吗啡"，即身体内
部产生的吗啡，它可以抑制疼痛信号，缓解痛感，并提供舒适感，甚
至是欣快感。体育锻炼和性行为会引发内啡肽的释放，疼痛的时候也
会。还有一些食物，比如巧克力，也会刺激内啡肽的分泌。

2.3 胶质细胞

我们可以向你保证，你的大脑并不是用胶水黏合的。不过以前的科学家所认为的大概就是这样，而且这种想法持续了近乎一个世纪。神经元这种被称为智慧的细胞只代表了大脑物质的一部分。剩余的大脑则被另一类称作胶质或神经胶质的细胞所占据。人们首次描述神经胶质细胞是在 19 世纪末，被看作是超级巨星——神经元的一个支架结构。但这一观点从 20 世纪 80 年代开始就被彻底颠覆了，其中也有阿尔伯特·爱因斯坦（Albert Einstein）的功劳.

这位历史上最伟大的物理学家并未涉足神经科学。然而他却在死后不知不觉地为此做出了贡献。1955 年，一位普林斯顿大学医学中心的医生托马斯·施托尔茨·哈维（Thomas Stoltz Harvey）在为爱因斯坦验尸的时候精心策划偷走了这位天才的大脑。这场奇怪的盗窃虽以科学研究为名，却也为哈维带来了相当多的麻烦。

然而，爱因斯坦的大脑并没什么特别之处。直到 30 年之后，加利福尼亚大学伯克利分校的玛丽安·戴蒙德（Marian Diamond）教授从四个不同标本中的一个上成功找到了一个特殊的地方：在顶叶一个负责数学理性思维、空间认知和注意力的区域内，爱因斯坦的神经胶质细胞要远高于常人数量。这项发现就像历史上不断重演的那样遭到了反对并不得不部分撤回。但这已足够为即将到来的大量科学研究发现扣开门扉，尽管那时还完全处于初级阶段。

如今我们知道神经胶质细胞可以完成很多种任务。的确，人们曾经一度认为胶质细胞的作用就像泥瓦工一样，包围着神经元，让神经元各就各位。但其实它们也起着"食品保管员"的作用，为神经元提供养分和氧气。它们还是电工，因为胶质细胞组成了髓鞘，控制动作电位在轴突上的传导。此外它们也是清洁工，可以隔离病原体，吞噬已经失去活性的神经元。

胶质细胞的不同工种数量惊人，人脑离开了这些功能可能就无法正常运转。胚胎发育时，大脑在胚胎上开始自我装配阶段，这时候神经胶质细胞就已经开始控制神经元的移动，并制造决定树突轴突分支所需要的分子了。最新研究甚至还将神经元通过化学信号交流的能力归功于胶质细胞的作用。与神经元不同，胶质细胞可以进行有丝分裂，可以自行分解然后再生。

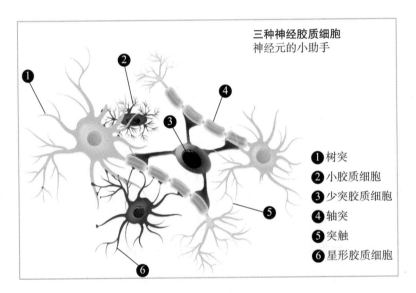

三种神经胶质细胞
神经元的小助手

❶ 树突
❷ 小胶质细胞
❸ 少突胶质细胞
❹ 轴突
❺ 突触
❻ 星形胶质细胞

有很多证据显示，胶质细胞数量是神经元细胞的五到十倍之多。但近期研究批驳了这个传言，称其二者比例就是最基本的 1∶1。根据这一种复杂的计算方式（有些人一直反对），在整个大脑中大概有860亿个神经元和846亿个神经胶质细胞。但二者在大脑不同区域中的分布有着显著差别。在大脑皮层这个区分智人大脑与其他物种的部位中，胶质细胞的数量大约是神经元的四倍。而在皮层白质中，大部分是有髓鞘的轴突，神经胶质细胞的数量真的能达到神经元的十倍之多。就算不去打扰爱因斯坦的可怜大脑，胶质细胞对于人类智慧的积极作用也能凸显无疑。

	神经胶质细胞（十亿）	神经元（十亿）	神经胶质细胞 / 神经元比例
皮层	60.8	16.3	37.3
小脑	16.0	69.0	0.23
大脑其余部分	7.8	0.8	11.0
总计	84.6	86.1	0.98

致命的是，胶质细胞在大脑出现问题的时候显示出来的重要性也异常明显。它们可能会制造过多的细胞因子，摧毁阿尔茨海默病患者的神经元；胶质细胞功能异常的时候会导致帕金森病和多发性硬化症；抑郁症和胶质细胞的大小与密度似乎也有联系。总之，我们可以说胶质细胞的首要功能就是维持动态平衡，保证机体的生化功能处于平稳状态，换句话说就是帮助机体维持现状。

2.3.1 小胶质细胞

它们的个头很小，胃口却很大。这就是为什么小胶质细胞被归到了巨噬细胞的行列中。大脑本质上是通过血脑屏障与外界隔离的，这层屏障阻挡大一些的传染性因子通过。可是如果某种外界物质能够穿越血脑屏障，分布在大脑各处以及脊髓中的小胶质细胞就会发起攻击，摧毁侵略者，并减缓侵略物质导致的炎症。小胶质细胞比其他胶质细胞更小，负责持续监视周围环境和神经元、其他胶质细胞，以及血管的健康。

2.3.2 星形胶质细胞

我们知道，天上的星星其实是一些由气体组成的巨型圆球。然而在很多文化中，星星的形状都是五角形、六角形或七角形的，这是因为大气会造成光学衍射，或者纯粹是因为观测者的散光造成的。星形胶质细胞和星星的多角形形状有几分相像，因此得名，它们是分布最广泛的一种胶质细胞。

在大脑这个微型宇宙中，神经元的数量与一个星系中的恒星数量并无太大差别，而星形胶质细胞就像另一个平行宇宙一样。就在25年前人们还以为它们只是一种支撑物，而如今星形胶质细胞的重要性已经完全不可忽视。这种大致呈星形的细胞将大脑各部分紧密结合，在大脑的复杂建构中起到关键作用。其次，星形胶质细胞也负责保持内环境的稳态。储藏并分配能量。它们还会捍卫大脑不受外界分子的攻击，同时负责神经递质的循环，它们包裹住突触，保证神经传导正常运转……这份功能单还将继续写下去。

2.3.3 少突胶质细胞

对高保真音响感兴趣的人都知道，连接音源和功放、功放和音箱（扬声器）的连接线应该好好绝缘，这样才能"真实"地传递音频，隔绝干扰。可能少突胶质细胞也知道这一点，它们的工作正是将轴突隔离，保证电脉冲的传导系统运转正常。

这份工作并不轻松。每个少突胶质细胞都能从容地和五十多个不同神经元相连，用多层髓磷脂（一种改变了进化历程的脂肪和蛋白质的混合物）制成的髓鞘包住互相缠绕纠葛的轴突。你如今之所以能够惊叹于电脉冲的传导速度能高达200米每秒，正是因为少突胶质细胞生产的髓鞘让轴突真正具备了高保真音响的配置。

2.4 其他组成部分

除了神经元、神经胶质细胞和使其运转的极为复杂的分子微观世界之外，你的大脑在生理上还具备另外两个基本组成部分，离开它们人就无法存活。这两个部分不出意外地与血液、水分和相应的输送系统相关。

2.4.1 血脑屏障

早在人类发明水缸过滤器、空调过滤网、香烟过滤嘴之前，自然进化就已经为人类大脑安装上了一道巧夺天工的过滤系统，称作血脑屏障。

中枢神经系统的内皮细胞形成的网络更加严密，只允许某些特定的分子以血流为载体穿过其中，到达大脑。可以自由进出的分子包括湿润大脑的水分子、滋养大脑的葡萄糖、为大脑提供基础原料的氨基酸以及少量其他分子。除此以外这条道路向所有不受欢迎的分子关闭，尤其是毒性物质和细菌。

多亏有了这层过滤系统，使你的大脑很难被感染。不过糟糕的是，一旦遭到感染，血脑屏障也不允许具有药性的大分子通过，甚至就连大部分的小分子也不行。人们正在进行研究，试图找到可以穿过大脑屏障的纳米分子药物（直径以纳米为单位）。

2.4.2 脑脊液

大脑是漂浮着的。有一种大部分由水组成的特殊无色透明液体充当靠枕，使大脑不会被自身重量压垮。

根据计算，大脑净重约1350克，而它漂浮在脑脊液里时的重量则只相当于 25 克。作为交换，这种液体还为大脑提供了其他四种功能，每种都至关重要。

它可以在冲撞的情况下保护大脑，但程度有限（足球运动员要是知道颅腔内到底有什么的话就不会用头部去撞击那些革制的旧皮球了）。脑脊液还负责打扫家里的卫生，是胶质淋巴系统的重要组成成分。胶质淋巴系统与淋巴系统很像，只不过是由胶质细胞来管理的。简而言之，脑脊液在胶质细胞的收缩下经特定的通道开口将大脑中的垃圾，尤其是睡眠中排出的垃圾清理干净。

此外，尽管大脑每天都要生产大约半升的脑脊液（之所以叫脑脊液是因为这种液体也存在于椎管中），其自带的调节机制可以不断进行自我更新，保证只有 120～160 毫升的脑脊液同时在大脑和椎管中进行循环。没有这一系列功能，血液循环就无法承受颅内的压力，引起缺血。

承载脑脊液的是包裹着大脑的**硬脑膜**，生产脑脊液的是脑室系统，也就是一个由互通的四个脑室组成的结构，排出脑脊液的则是血液。通过这样一个交流循环机制，脑脊液维持着漂浮其中的大脑机器的化学稳定性。

脑
地
形
图

　　差不多在 5.25 亿年前,我们的地球上出现了第一群
有脊椎动物。这类动物都拥有一个贯穿整个身体的脊柱,
而且更重要的是,它们都开始了原始大脑的发育过程,
在接下来的几百万年中将集中发育大脑前方区域的功能,
也就是我们说的"头脑"。在史前那无尽的时间线上,大
脑变得越来越大,越来越复杂、高效,它分成了两个几
乎对称的半球,中间由一个神经纤维组成的条带——胼
胝体相连接,不过实际上其分工是不对称的。比如对于
绝大部分(95%)右利手的人来说,负责处理语言的区
域几乎都集中在左脑上,而比例稍低一些的(70%)左
利手的人情况也是如此。脑地形图与进化的过程密不可
分,而人脑正是从无尽的历史长河中不断继承进化而
来的。

　　"三位一体"大脑理论(triune brain)是由美国神经
科学家保罗·麦克莱恩(Paul MacLean)于 60 年代率先
提出的,这个理论如今已经被证明有很多缺陷,但其优
点在于能让人轻松地理解大脑这个世界上最复杂机器的
先祖来源。在此基础上,有证据表明,进化更倾向于在

已有大脑结构上添加及改善功能，而不是从头开始重新构筑。尽管这一进化过程用掉了几亿年的时间。

好的，在你的大脑储藏室中，有一部分**来源于爬行动物**，也是这"三位"中最古老也最小的一个区域，负责控制生命功能，比如呼吸、心跳、体温，还有我们平常所说的"本能"，包括和保护地盘有关的原始行为等。这些是大脑的基本操作，不需要思维或意愿就可以启动。

再往上一层是进化到哺乳动物时发育而成的大脑，也称**边缘系统**。它的关键任务是控制情绪、动机、行为和长期记忆，常常发生在潜意识中。这些大脑结构促使了哺乳动物特有的社会性，比如互惠性，或是能够体验情感的能力。

最后在这三位的顶端是**大脑皮层**，即六层包裹着大脑的灰质，这个结构在灵长类动物大脑中尤其发达，专门管理意识、思维、语言和全部人类特有的功能，比如预测和规划未来发展等。自然这三个区域都分别沿着动物世界的谱系分支经过了上百万年的进化。三个区域之间也不是封锁、隔离的，而是通过一个复杂的神经元高速公路网紧紧地连接在一起。

需要说明的是，你并不拥有爬行动物的大脑，只是有些大脑结构来源于一个我们与爬行动物的共同祖先。大脑只有一个，而并不是字面意义上的"三位"一体。

3.1 "爬行动物"脑

大脑最古老的祖先要追溯到 5 亿年前的水下。最原始的大脑由几百个原始神经元构成。随着时间（几百万年）的发展，这些脑结构与承载它的水下生物一同慢慢成长。到了一些物种从水中走出开始征服陆地的时候，它们生存所需要的生理结构比以前还要更加复杂，在距今 2.5 亿年左右，我们所谓的"爬行动物"脑形成了。这样的大脑安装在日益复杂的两栖动物体内，逐渐变成了所有即将出现的大脑的基本配置。其设计蓝图和现代爬行动物、现代哺乳动物，包括人类的大脑结构非常相像。不过显然几百万年进化积攒下来的巨大差异还是存在的。

你大脑中最古老、最内层的部分由**小脑**和**脑干**组成，这部分控制的是生命活动，比如心跳、平衡、呼吸或是体温等。

这部分是大脑机器最可靠的原件，可以每天 24 小时不停歇地运转，而且完全自动，无需用户费力，毕竟没有人会忘记呼吸。的确这样一个远古遗传起源让"爬行动物"脑成为你大脑中最原始、最叛逆、最桀骜不驯的部分。不过相应地，长久以来的进化发展深刻地改变了人脑机器中的每一个零件，将其转化为另一个对你自身智慧起到基础性作用的齿轮。

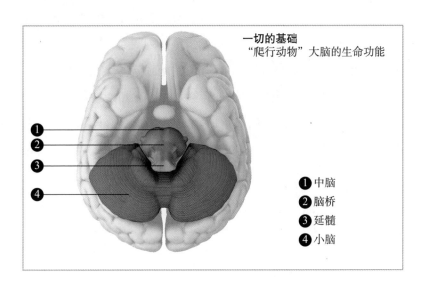

一切的基础
"爬行动物"大脑的生命功能

❶ 中脑
❷ 脑桥
❸ 延髓
❹ 小脑

3.1.1 脑干

从基底开始观察，大脑的起始部分是一种类似绳索、类似导管的东西，这种"神经导管"将大脑和剩下的身体部分连接在一起。脑干的进化历史十分惊人，它负责我们大脑功能中最为基础的部分，帮助我们控制呼吸、心跳、睡眠和饥饿等。

所有从身体到大脑或从大脑到身体传送的信息都要经过脑干。从身体到大脑信息是通过感受器通道传达的，比如有关疼痛、温度、触感、本体感觉的信息都在这条通道内游走。从大脑到身体的信息则是从脑干中的运动神经元开始，沿着轴突最终到达脊髓中的突触，然后从这里再向身体扩散，控制人体运动的信息。

不过故事还没有结束，我们拥有的十二组**颅神经**（即直接在大脑内生成的神经，在两个脑半球中都有，负责管理面部、眼睛和脏器的运动与感知）中，有十组都集中在脑干的三个主要组成部分：延髓、脑桥和中脑。

整个脑干都被网状结构穿过。网状结构由上百个**神经元网络**构成，能够以规律的周期向大脑皮层发送一系列信号，保持机体的清醒状态。当信号发送速度减缓时，就会引发睡眠状态。网状结构对注意力也起到了非常关键的作用。如此说来，脑干除了对心脏循环系统和呼吸系统功能负责外，我们还可以加上它对知觉、自我意识，甚至也包括意识的贡献。脑干的确是一切的基础，从各个角度来讲都是如此。

延髓

没有延髓就没有生命。延髓以非自愿的形式（即完全不受其合法拥有者控制）调和着生命存在的基础，比如呼吸、心跳和血压等。它是脊柱与真正意义的大脑之间的接线员。

作为脑干的一部分，它的主要作用是在中枢神经系统和周围神经系统之间传输神经元信息。在周围神经系统中，延髓在自主神经系统中扮演着重要的角色，它控制呼吸功能、心跳功能和血管舒缩功能，以及很多自主反射和对一些特定刺激（估算有 45 种）产生的自主应答，比如咳嗽、喷嚏、呕吐、哈欠等。

脑桥

沿着脑干向上走，在延髓和中脑之间的是脑桥，形状看起来微微隆起。第一个描述脑桥的人是 16 世纪的意大利解剖学家科斯坦佐·瓦罗里奥（Costanzo Varolio），因此在意大利语里脑桥有时也被称为"瓦罗里奥桥"。

脑桥连接着大脑的很多区域，管理大脑皮层和小脑之间的重要沟通来往。在四组颅神经的帮助下，脑桥负担着听觉、味觉、触觉和平衡等功能，咀嚼或是眼球运动也是它来掌管的。而且鉴于快速眼动睡眠（REM）也是由此而生，所以可以说脑桥对于梦的功能也起到了关键作用。

中脑

中脑的长度只有 2 厘米，是脑干的最末部分，也是最小的一个部分。中脑对于胚胎的遗传谱系发育起到了不可替代的重要作用。

大约在发育的第 28 天，神经管分化为三个囊泡，为大脑的形成做好准备。这三个囊泡分别叫作**后脑**（rhombencephalon）、**中脑**（mesencephalon）和**前脑**（prosencephalon）。几周之后，后脑发育成两部分，前部为后脑（此后变为脑桥和小脑），后部为**末脑**（myelencephalon，之后发育成延髓）。前脑则会发展成**端脑**（大脑皮层）和**间脑**（下丘脑、丘脑和其他一些部分）。中脑夹在中间，发育成熟后仍是中脑。英语中，胚胎状态的后脑、中脑和前脑也被口语化地称为 hindbrain、midbrain 和 forebrain。

白质一条条地穿过中脑，利用其有利位置，双向连接脑桥和丘脑，所以可以说是一个具备边缘系统的"爬行动物"脑。此外，中脑的内部还安放了很多灰质神经核，既有感觉神经的也有运动神经的，负责调节机体的清醒状态和疼痛状态，以及听觉和头部、眼部的运动。

简单来说，中脑可以分成三部分：顶盖、被盖和大脑脚。顶盖和被盖被中脑水管（负责输送脑脊液）分隔，大脑脚则由双侧黑质隔离开，黑质是分泌多巴胺的主要来源之一。

黑质

黑质之所以"黑"是因为密布其中的神经元都被黑色素（也就是同样可以令人晒黑的色素）着色了。这些黑质也被分为两部分，每一部分又被分成两小部分，功能完全不一样：黑质致密部中充满了多巴胺能神经元，以条纹状分布；黑质网状部则主要由 γ - 氨基丁酸能神经元组成，与众多其他组织相连。

腹侧被盖区（VTA）

在中脑即将结束的附近位置有一块非常小的神经元结构，位置非常优越，连接着大脑的很多个角落，包括脑干、前额叶皮质等等。腹侧被盖区（通常缩写成 VTA）是多巴胺能系统的基础结构，因此也是奖励机制的关键区域。它是专门负责动机、学习的部门，而且也负责另外一个完全不同的范畴：性高潮。此外腹侧被盖区和毒品依赖以及一些严重的精神疾病相关。

3.1.2 小脑

小脑被称之为"小"脑，是因为它体形较小（只比一个高尔夫球大不了多少），而且外形又酷似一个缩小的大脑。小脑也分成两个半球，只是没有皮层上的脑回，它位于大脑的后方空间内、颞叶的下方，直接连接着能将大脑指令（包括非自主指令）送至全身其他地方的脊髓。

小脑是所有脊椎动物，包括爬行动物、鱼类、鸟类和哺乳动物的标准配置元件。早在几个世纪以前，我们就知道它的功能是控制运动、平衡和动作协调，因为那时人们已经看到了大脑受到物理损伤之后会产生哪些后果。不过到了智人这里，似乎进化又为我们增添了一些新功能，而且是非常重要的功能。或者换种说法，根据一些最新研究，这个历史悠久的大脑元件已经根本不能算"小"了。

要想开始的话首先要进行运动学习，尤其是学会执行一些非常复杂的动作，比如网球场上的旋转球技术，或是在钢琴键盘上弹奏巴赫的赋格曲。如此就足够将我们的小脑划分为人类特有财产了。当然，和大脑皮层，也就是人脑位于外层起到主导功能的肥大部分相比，小脑看起来就像个装饰，或者仅是遥远的进化历史留下的足迹。毕竟它只占了整个大脑容量的10%。不过后来人们发现，小脑中充斥着690亿个神经元，而大脑皮层中只有大约200亿个。能承载这么多神经细胞的秘密在于，其中有460亿个神经元都是颗粒细胞，属于一种最小的神经元。

小脑的功能不容忽视。它不断地与大脑皮层交换信息，几乎像是在协作办公，这样一来它的角色似乎也涉及到了认知功能，而不仅限于那些最初就进化出来的运动功能。

3.2 "哺乳动物"脑

位于脑干之上、皮层之下的是边缘系统。边缘系统由极大数量的小型结构或脑回结构组成，这些结构之间相互连通。粗略地说来无脊椎动物身上也有边缘系统，但随着哺乳动物的脑进化这一部分扩大了许多，越来越明显。从此之后，大脑就翻倍了。也就是说，所有的脑组织都复刻出了左右两个半球，有时候部分功能还会不同。丘脑、杏仁核或大脑海马都有其镜面的另一部分。不过下丘脑是个例外。

原先人们一直认为边缘系统就是"情感大脑"，不过如今我们知道其现实功能要复杂得多。的确，这里作为大脑的中心很大程度上决定了人们的情感体验，比如恐惧或爱情，但同时它也能完成很多其他核心功能，如学习、内部动机、记忆等。

你能够通过食物或性行为体验到快乐，都是因为边缘系统在起作用，不过你感受到的抑郁或沮丧也都是边缘系统造成的，长期慢性压力导致高血压也同样是经由边缘系统产生的。另外，边缘系统也让你喝令某人滚出视线，不论有无道理可言。

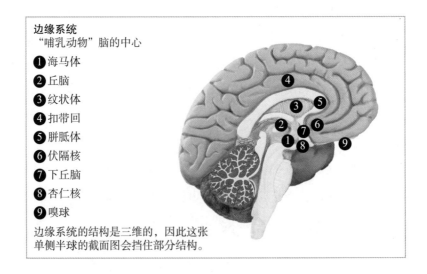

边缘系统
"哺乳动物"脑的中心

❶ 海马体
❷ 丘脑
❸ 纹状体
❹ 扣带回
❺ 胼胝体
❻ 伏隔核
❼ 下丘脑
❽ 杏仁核
❾ 嗅球

边缘系统的结构是三维的，因此这张单侧半球的截面图会挡住部分结构。

3.2.1 丘脑

信息流不断涌入你的大脑，所以需要一个足够高效的系统来分拣筛选，同时将需要计算的数据传送给皮层上的相关区域。这个分拣中心就叫作丘脑，它由两个对称的结构组成，每个对称结构有核桃般大小，但形状比核桃稍稍拉长一些。它们几乎位于大脑的正中心，彼此间由一个灰质构成的小条带连通。丘脑的角色对生命来说至关重要，严重损伤的话就会造成不可逆转的昏迷。除了嗅觉之外，其他所有感觉系统都会经过这里，包括本体感觉，以及来自人体最大的感觉器官——皮肤的信息。

举个例子的话，右眼视网膜上接收到的画面会被传送到左侧丘脑，然后左侧丘脑再将其传送给左侧枕叶，也就是负责视觉的一块大脑皮层。不过丘脑的功能不仅是邮递员，因为它自己也会接收来自枕叶传回来的信息。这个机制也被应用在大脑皮层的所有其他负责计算感觉和运动信息的区域上。这样一来就形成了"丘脑—皮层—丘脑"这样一个强大的封闭循环，以调节清醒和注意力的状态，这也被看作是产生意识的"神奇"大脑网络单元的一分子。

3.2.2 杏仁核

两个杏仁核的任务是在几毫秒的时间内对输入的情绪找到正确的反应，并记忆这些情绪。尽管它们可以负责很宽泛的多种情绪，但其真正的专长其实是恐惧。恐惧的体验对于生存来说十分关键，所以我们进化出了这样一个杏仁核管理的专门处理恐惧的回路。

两个杏仁核分别位于左右颞叶的侧面，它们紧密配合共同工作，不过似乎也表现出一些"个人倾向"。右侧的杏仁核主管恐惧和其他负面感觉（可以通过电刺激验证），而左侧的杏仁核则更擅长积极情感，而且可能也参与到奖励机制中。每个杏仁核都会从负责视觉、嗅觉、听觉或疼痛的神经元那里接收信息，然后再将执行命令传递给运动器官或计算系统。比如危险的情形下，它会同时命令身体停止运动、命令心脏增强跳动、命令负责压力的激素开始工作。

杏仁核（名字来源于它形似杏仁）也负责管理恐惧的记忆，包括有关恐惧的条件反射。被人工去除杏仁核的老鼠面对一只猫时完全没有试图逃离其视线的行为。此外，杏仁核也参与所有的长期记忆的巩固过程。

然而，借助给大脑"照相"的最新科技，杏仁核工作时的一个缺陷也逐渐清晰起来。这个缺陷既是基因问题引起的，也和神经传导的某些障碍有关，可能造成焦虑、自闭、抑郁、恐惧症以及创伤后应激障碍。创伤后应激障碍的例子十分清楚，战争或性侵造成的创伤会在短时间内改变杏仁核的生理结构。可能杏仁核是大脑中最能凸显性别二态性（即区分为男性型和女性型两种）的结构了。

3.2.3 海马

继额叶皮层之后，大脑海马对人们来说或许是大脑中最神秘、最具科学性争议的部分了。简单举个例子来说，牛津大学出版社编辑出版的神经科学类书籍《海马之书》（英文版）共 840 页，有五根手指那么厚。16 世纪的博洛尼亚解剖学家朱利奥·凯撒·阿兰齐（Giulio Cesare Aranzi）因大脑海马的轮廓形似一只海马而为它赋予了这个名字。大脑海马分头、体、尾三部分，在两个大脑半球中都有，位于丘脑和颞叶皮层之间。简要概括其功能的话就是与记忆和空间有关。

海马负责情节记忆，也就是个人经验记忆的存储。它还负责语义记忆，既包括最普通的概念，又涵盖复杂的社会规则。此外，海马还对强化记忆很有帮助，不论是短期记忆还是长期记忆。有证据表明，海马的轻微损伤可能会影响新记忆的形成，但仍能保持旧记忆（储存在大脑中的其他地方），也能保证内隐记忆，也就是学习新的手工技能的能力不受损害（形成在大脑中的其他地方）。

能够塑造海马的是血清素、多巴胺和去甲肾上腺素的神经递质系统。不过科学家注意到，还有一种神秘的电子脉冲波也会每隔6～10秒经过一次海马，这种波被称为 θ 波（频率在6～10赫兹之间）。加利福尼亚大学伯克利分校的近期研究数据表明，不同频率的 θ 波可能是用来传递各自信息的，研究人员为一只老鼠的大脑中植入电极，并让这只老鼠完成走迷宫任务验证了这一点。

的确，导航是海马的又一项核心业务，曾经有一项著名的实验就是关于这一点的。实验选取的对象是伦敦的出租车司机，他们为了考取执照，必须记下整个硕大的伦敦城地图，结果他们海马的尾部纷纷奇迹般地增大了。

边缘系统的这两个基点中也承载了大量皮质醇受体，因此它们变得十分容易受到长期压力的影响。有证据证明，受到创伤后压力折磨的人们海马会部分萎缩。此外严重抑郁症和精神分裂症可能也与海马相关。

3.2.4 下丘脑

它的体积极小，但身负重任：确保机体生存。下丘脑是一个重4克、厚4毫米的结构，深埋在大脑中心，收集来自身体四面八方的不同种类的信息。必要的时候，它也会负责调用化学和神经元刺激物以保障机体维持稳定状态，即维持生命资源的适度与平衡。

下丘脑正位于大脑的中心位置，两个脑半球在此相接，上方是两个丘脑。下丘脑虽然拥有左右结构，但和丘脑不同，下丘脑以一个整体的形式呈现，这里讨论的下丘脑即是这一整体结构。

下丘脑的无数神经核，即构成下丘脑的操作单元，控制着很多功能，比如调节体温，它还可以通过饥渴调节饮食摄入；管理被称作昼夜节律的持续生理活动，并控制性行为。小小的下丘脑能够如此强大是因为除了拥有神经元"兵工厂"之外，还掌控着**脑下垂体**（也称脑垂体）这个与它紧密相连的内分泌系统中的女王。脑垂体可以生产维持稳态的八种基础激素，其中两种都是由下丘脑亲自合成的。这些激素中既包含有利于生存的**生长激素**（刺激细胞繁殖和再生），又包含促肾上腺皮质激素（用来对抗压力）；既包含催产素和抗利尿激素（恋爱必需的两种神经递质），又包含催乳素（调节乳汁分泌）和促性腺激素（调节性发育）。总之，下丘脑并不简简单单掌管着机体的生存基本，更负责着整个物种的延续。

3.2.5 基底节

在大脑两个半球的中心生长着基底节，一个灰质神经核的大集合——每一个都有自己独特的解剖学和神经化学特征，它们既与上层的皮层相接，又与底层的脑干相连。这些神经核关联着自主运动、自动运动和眼球运动，以及情感和认知。[1]

壳核

壳核是一些体积较大的球形结构，位于丘脑之上，参与到运动的复杂机制中。所以不出所料，壳核与帕金森病等退行性疾病有关，因

---

1 基底节实际上涵盖了端脑、间脑和中脑演化而成的部分，即胚胎形态大脑五部分中的三个。

为这些疾病影响的正是运动系统。

尾状核

左右半球中的尾状核始于壳核位置，并以一种螺旋的形式包裹住壳核，然后逐渐变薄。尾状核也参与运动系统和帕金森病，负责认知功能（学习、记忆、语言）和心理功能：功能核磁共振扫描显示，尾状核会在看到爱人的时候"开启"，也会在看到一般意义上的美好事物时激活。尾状核和壳核共同构成**背侧纹状体**。

伏隔核

伏隔核是一种圆形的结构，每个脑半球各一个。伏隔核和奖赏机制相关，是被称之为中脑—边缘通路的关键组成部分，这条通路会将多巴胺从被盖区运输出去。的确通常来讲伏隔核都是与依赖行为相关联的。不过在最新研究中，人们发现它在产生厌恶的条件下也会被激活，而与奖赏恰恰相反。此外伏隔核也参与机体的冲动性和安慰剂效应。伏隔核与嗅结节共同构成**腹侧纹状体**。

纹状体

腹侧纹状体和背侧纹状体（上文中描述的两个结构的总和）构成纹状体，综合起来与强化学习以及其他一些认知功能相关，也与奖赏机制和奖赏的强化有关。总的来讲，纹状体会在你经历愉悦的事情或仅仅是期待的事情发生时激活。

苍白球

苍白球接收来自纹状体的信息，并将这些信息发送到黑质。苍白球对自主运动起到关键作用。

丘脑底部

丘脑底部的输入信号来自纹状体，帮助机体调整运动。

3.2.6 扣带回

我们现在讨论到了"哺乳动物"脑和"灵长类"脑的交会处。扣带回是一些椭圆形的结构，分别在两个脑半球中包裹住胼胝体，属于大脑皮层的一部分，但也被认为是边缘系统的补充部分，所以在这里我们也将其算作边缘系统之一。

从大脑的"建筑结构"来看，我们可以说扣带回就像是边缘系统器官的顶楼，既从上方（皮层）接收信息，又从下方（丘脑）接收信息，参与到我们的情感、学习行为和记忆中。自然，它对于生命本身起到的功能也能列出一长串。

扣带回的前方参与到很多基础功能（比如血压和心跳）和复杂功能中（比如情绪控制、预测和决策）。它的后方则是默认模式网络（DMN）的关键棋子，此外也对回忆甚至是意识活动起作用。

3.3 "灵长类"大脑

大脑的高级结构是从几亿年前伴随着哺乳动物的出现而产生的。端脑（叫这个名字是因为端脑是胚胎形态大脑的最后一个区域）进化为大脑皮层，也就是现存的鼠、猫、猴子和人类大脑中最强大、最复杂的单元。爬行动物和鸟类也拥有类似的东西，有的人称其为皮层，但其实不是真正的皮层。

经历了全部地质年代，皮层仍然在进化之中，正在灵长类动物、人科动物中进化。人属是在大约 200 万年前出现的，在尼安德特人灭绝之后，智人成为人属中唯一现存的物种，在其出现的这 20 万年中大脑皮层变得非常大，和其余部分相比甚至显得异常肥大。通常认为，这一现象对于智人的发展起到了非常巨大的推动作用，使我们能够灵活使用可反向弯折的大拇指、拥有狩猎者的高超前方视觉和立体视觉，以及依靠良好的社会环境发展出的原始语言。皮层的最后一次进化是距今大约 5 万年前，由此出现了"现代"人类——晚期智人（*Homo sapiens sapiens*）的文化和行为。简单来讲，大脑皮层几乎占据了你整个大脑 90% 的重量。

大脑的火花正是在这里点亮的。来自皮肤、眼睛等地方的繁杂信息汇聚在此，等待加工和归类；新记忆也是在此产生、留存，然后与已经积累的知识关联并归档。在皮层那过人的计算能力帮助下，你可以进行反思、想象、对比、作出决定或改变想法。

大脑皮层是**灰质**的胜利成果。灰质是大脑中典型的浓缩区域，神经元、胶质细胞和毛细血管集中于此，呈灰粉色，历史上最早的解剖学家就已有记录。灰质与白质有着明显的区别，后者虽然出现在大脑的很多地方，但集中出现在皮层之下，与**胼胝体**相遇。胼胝体由上亿个树突组成，沟通着两个脑半球的皮层，有着白髓鞘特有的色彩。

胼胝体只会在哺乳动物胚胎的脑中发育，是将大脑组为整体的部分，是复杂大脑机制，如智力、意识等活动中必不可少的一环，因为它肩负着在两侧皮层之间输送信息流的任务。

3.3.1 大脑皮层

如果你拿起一块 2 米见方的桌布，铺在桌面上，然后再向中间压缩，就好像要将其装进一个花瓶或一个盒子里一样，这样你就会看到桌布变得弯曲不平、皱褶满布，大脑皮层的样子就与此类似。自然进化就是这样做的。虽然我们的颅腔越来越大，但为了进一步增加其内部的可用空间，新皮层（我们大脑中分布最广泛、最新进化出来的部分）便以回旋的形式呈现了。

大脑上的低谷地带，也就是桌布上面凹下去的地方，我们称作"**脑沟**"。山地部分，也就是凸出来的地方，我们称为"**脑回**"。"**裂**"则指的是分隔皮层四个脑叶的更深一些的凹槽，四个脑叶的名称则是根据颅骨对应的位置而定的：前方的**额叶**（抽象思维、理智以及社会性和个性的中心）、侧面的**颞叶**（负责听觉、理解、语言、学习）、颈部顶端的**顶叶**（负责触觉、味觉、温度感知）和颈部后方的**枕叶**（负责视觉）。

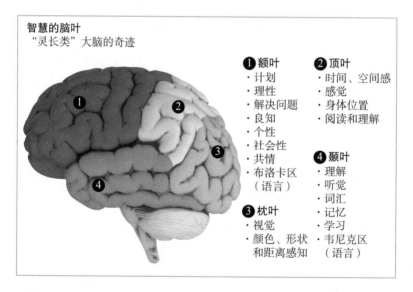

智慧的脑叶
"灵长类"大脑的奇迹

❶ 额叶
· 计划
· 理性
· 解决问题
· 良知
· 个性
· 社会性
· 共情
· 布洛卡区
　（语言）

❷ 顶叶
· 时间、空间感
· 感觉
· 身体位置
· 阅读和理解

❸ 枕叶
· 视觉
· 颜色、形状
　和距离感知

❹ 颞叶
· 理解
· 听觉
· 词汇
· 记忆
· 学习
· 韦尼克区
　（语言）

最后，在大脑中间的位置上有一条明显的分割线，称作**中央纵裂**，用于区分**两个半球**上突出的大脑皮层。因此，脑叶也总是成对的。

曾经有一段时间，人们相信大脑的左右两个半球承担着本质上完全不同的任务，每个大脑用户都有一个支配脑，或者说偏好脑。于是神话就诞生了：有的人拥有"左脑"，所以更擅长数学和逻辑，有的人拥有"右脑"，所以更富创造性，更有艺术细胞。但事实并非如此。

事实上，大脑半球切除术（用于治疗罕见癫痫症状，通过手术切除或麻痹一个脑半球）进行后，大脑和认知过程经常可以在一段时间之后恢复正常功能，尤其是当患者还是儿童的时候，大脑能够完全展现出脑的可塑性。世界上就有这样数个和你相似的大脑使用者只靠着一个脑半球过着基本正常的生活。

这并不意味着两个脑半球不会展现出各自的特性，也就是神经科学家称作"偏侧化"的概念。最著名也是最有力的例证就是**布洛卡区**（Broca's area, 负责语言的生成）以及**韦尼克区**（Wernicke's area, 负责语言的理解），两个区域通常在大脑的左半球，但一些左利手的人就会在右半球。不要忘记，来自周围感知系统的信号会向两个半球传递，但方式正好交叉：来自右眼的信息在左脑的枕叶处理，而来自左手信息会在右侧顶叶进行计算。

大脑皮层这块"桌布"厚 2 ~ 4.5 毫米，这薄薄的、柔软的灰质其实是由足足**六层神经元**构成的，每层神经元都拥有独特的结构特征，既是因为神经元种类多种多样，也是因为它们和皮层以及皮层下的多个区域相连接。

大脑皮层是大脑中最复杂的东西，同时也是我们目前所知事物中最复杂的。然而随着科技的进步，科学家已经能够越来越深入地研究大脑的机制，已有证据显示，世界上不存在完全相同的两个皮层，也没有两个皮层完全以同样的方式工作。

这并非平淡无奇的现象，因为区分澳大利亚原住民和格陵兰岛因纽特人的基因组差异只有可怜的 0.1%，所以基因上来看几乎是一模一样的，但智人的大脑 100% 都是世界上独一无二的。

额叶

欢迎来到总指挥中心。这里，额叶皮层，尤其是位于额头和眼睛正上方的前额叶皮层中集中了最复杂的认知功能，比如思维和理性、信念和行为等，也就是真正区分你的智人大脑版本和其他所有旧版本的根本差异。前额叶皮层非常发达，大部分其他哺乳动物都不具备这个特点。人类的额叶在大脑发育开始的 25 ～ 30 年后达到功能的巅峰，这一点在很大程度上解释了婴儿、发育期、青春期和成年时期的思维差异。

我们不能低估其作用。为了更好地理解，我邀请你来完成以下四个练习：

- 选择一个你在婴儿时期的旅游地点，然后将其原样画下，尽量将可能的细节都加上。然后想象如今那个地方会是什么样子；
- 试着去想象，在一个武装冲突的情景下（地点自选），一位生活艰难的妇女与她的两个小孩子相依为命；
- 从 101 开始倒数，每次减 8；
- 一只手放在桌子上，用手指以顺序敲击桌子，来回反复。

好的，完成之后你就已经完全激活你大脑中的额叶了。或者，我们也可以说，没有我们现代智人的大脑就根本无法完成这些任务。因为只有额叶皮层才能让我们借助周围系统挖掘出情感记忆，然后再通过想象力进行改造。这里是共情能力的源头，我们依靠共情来理解其他物种，甚至可能是完全陌生的生物。这里也管理着计算、逻辑推理和语言。但这里也是控制自主运动的地方，比如活动手指关节敲击键盘的动作等。此外初级运动皮层也位于此，能帮助你完成很多活动，包括走路。

简而言之，额叶就是一个指挥中心，因为它控制着大脑很多所谓的管控功能，比如工作记忆、**抑制控制**（为了达成一个目的选择与以往采取不同行动的能力）、**延迟满足**（抵制住欲望以获得未来报偿的能力）、**理智**、**计划**和很多其他功能。个性也有很大一部分产生于前额叶区域。

因为一场十分惨烈的事故，我们已经在很早以前就知道这一点了。那时，在正电子发射计算机断层扫描（PET）、脑磁图（MEG）和功能核磁共振（fMRI）等脑成像技术发明以前，神经学的科学推断都是从对比手术、脑缺血或严重脑创伤前后的大脑功能得来的。本手册将避免罗列这些惨烈的事件，不过也不能放弃其中最著名的一例。

时间回溯到1848年，美国佛蒙特州的费尼斯·盖吉（Phineas Gage）先生正在忙于新铁路的修建。忽然发生了一起意外爆炸，一根长达一米、直径3厘米的铁棒从下至上穿过了盖吉的颅骨，直接钻穿了他的左侧额叶。不可思议的是，可怜的盖吉竟然存活了下来。不过此时的他已经不是曾经的那个费尼斯·盖吉了。曾经的他十分可靠、亲切，工作认真负责，如今却相当鲁莽、好色、无礼。"他的智力和动物本能之间的平衡就好像被打破了一般。"负责记录盖吉病情的医生约翰·哈罗（John Harlow）如此总结道。盖吉的病例在医学史上非常有名，因为这毫无疑问地证明了生理和心理是紧密交织在一起的。

我们恳切地向所有的大脑用户，尤其是习惯于带着大脑骑摩托和滑雪的用户再三叮嘱，请务必注意不要让大脑的中央指挥中心受到创伤。

颞叶

颞叶在灵长类动物的大脑中位于两个正侧方，两个颞叶的首要作用就是语言和听觉感知。它正好位于双耳的高度，我们可以据此想象，颞叶负责通过初级听觉皮层处理来自听觉周围系统的声音信号。初级听觉皮层与对声音和词语进行翻译的次级区域相连。韦尼克区就在这旁边，但仅限于左侧颞叶，专门进行语言理解，既包括书写语也包括口语。医学研究已经证实，皮层上韦尼克区的损伤会为病人完好保存说话的能力（因为这部分是额叶的布洛卡区管理的），但他制造的这些言语序列并不具有任何意义。

和所有其他皮层区域一样，初级听觉皮层的功能与经历，特别是和听觉经历紧密相关的皮层，在生命最初几年到青年时期就成型了。因此，一个幼儿如果每日暴露在两种或三种不同语言环境下，长大就能变成多语言使用者。但是，比如只在幼儿园的几年能听到这几种语言之一的话，尽管没有成为母语之一，儿童仍能在一定程度上保留辨别这种语言语音的倾向。同样的道理，如果一个小女孩在生命的前十年内从来没有暴露在音乐环境下，想要变成职业音乐家就会变得异常艰难。甚至曾经有人提出理论称，在胚胎时期就开始进行听觉体验（将耳机放在妈妈的肚子上）可以培养新生儿的音乐细胞。2015 年，有人在 YouTube 上发布了一个视频，视频中的小孩 Dylan 从出生五个月前就开始"听音乐"，如今他能够辨识甚至是十分复杂的和弦，也能随时说出构成和弦的音名。

此外，颞叶还在两个关键过程中起到作用：视觉和记忆。关于视觉，颞叶从枕叶接收信息然后再进行解码，将面孔、物体等每个细节与它们的名称关联在一起。关于记忆，颞叶和海马、杏仁核进行沟通，形成长期外显记忆。

顶叶

现在快到八点了，是早餐的时间。想象这幅再正常不过的场景在慢速镜头下的样子，你的手伸长去抓茶杯，然后却又缩了回来，因为茶杯太烫了，之后你就马上改变了计划，改去握杯柄。

这里有什么值得称道的呢？首先，这样一个寻常的不用细思考的动作需要一个能够在茶杯到手的距离内计算信息的视觉系统，然后还要能够分析茶杯的形状和性质。其次，动作需要小心地进行，以试探茶杯的外部温度，这就需要另一个系统，能够计算来自手掌受体传来的数据，然后将计算结果转化为另一种基于空间 – 感知计算的策略，从而将焦点集中在茶杯柄上。用简单的话讲，我们需要两个顶叶。

顶叶位于大脑半球的最顶端，在额叶后方。顶叶负责多种感觉器官的感知活动，以及感知信息和运动系统的整合。从这种意义上来讲，我们可以将顶叶看作是一种"关联皮层"，能将所有感觉的信号（视觉、听觉、热觉、伤害感觉等等）融合在一起，而且目的很明确，不让你在每次喝茶的时候都被烫伤。

沿着顶叶和额叶的分界线我们能找到一个被称作"体感皮层"的区域，主管触觉。相对应的身体部位在这一皮层区域像空间 – 感觉地图一样分布，让你能够明白烫手的杯子带来的痛感正是来自那只手。所有触觉区域的神经皮层类似 homunculus（意为"侏儒"）一样分布，因为来自身体敏感区域的大量信息占据了更大的区域，这样整个皮层分布就显得比例失调：我们可以把它想象成舌头伸出口外、手脚巨大的矮人。

顶叶在很大程度上也在语言和语言的解码方面起到很大作用。

枕叶

左耳会将听觉信号转化为电信号再传送给右侧颞叶（即大脑的对侧），左眼也是如此，它会将光学信号转化为电信号再传输给右侧枕叶，也就是后枕部的地方，左眼的对应点上。

如果说枕叶的作用就仅仅是视觉的话就太小看它的功能了。每一侧的枕叶都需要首先接收来自对侧视网膜、经由丘脑的大规模信息数据，而且全部是倒像。然后，枕叶需要同时计算所有视野内物体的颜色，估算大小、距离和景深，辨识运动中的物体或是熟悉的面孔。这样一个复杂的工作是由皮层上的不同区域来完成的，这些区域一个接着一个地工作。在**初级视觉皮层**（称为 V1）接收了未经加工的信息并测定运动之后，其他区域继续进行其他工作，比如进行关联（V2）、识别颜色（V4）或计算形状、大小以及物体旋转。这些操作的总和会产生出 120°、彩色的三维图像，大部分具有高分辨率，而且是实时影像，也就是说你的大脑就在此时此刻呈现你看到的画面。

工作到此还没完成，因为枕叶会将视野中的信息再发送给顶叶，进行进一步操作，比如抓握杯子，同样的信息也会发送给颞叶，以便将现在的视觉信息和过去的信息联系在一起（提醒你杯子很有可能烫手）。

总之，枕叶中有一个区域负责接收视觉信息，然后另一个区域进行解读。正是这样的配合工作使你能够阅读本书的文字，并同时理解其语义。

主要特征

你的大脑是一个多功能产品。三合一？五合一？不，它能起到的功能远比这个多得多。不仅数量繁多，而且功能之间互相交叠，所以很难甚至根本无法精确列举每一项。

我们可以说，你的大脑知道如何思考和反应，知道如何记忆与遗忘、恋爱和憎恨、睡眠和清醒、理解与学习、建造与摧毁。还有多少呢？你的能力归根结底就是人类的能力。

然而，如果我们需要选择三四个主要特征的话，可以重点看向一个事实：大脑总在不断重新安排其内部的连接，总在试图预测未来，它知道如何自省，能够记忆，能够探知自己存在的轻重。所有这些加起来，我们称之为智慧。

4.1 预测

在你或多或少平静地度过当下时光的时候，你的大脑正在不间断地忙碌于想象未来。众多神经学和心理学实验都证实了一项基础大脑功能的存在，而我们的祖先在没有核磁共振等高科技的年代里根本无从想象——这个功能就是预测。简而言之，大脑总在预测自己的感知。这有点儿像是在预示或远或近的未来。

你自己从来意识不到，其实在你走路的时候你的大脑会在脚底踏上地面的瞬间预测每一个脚步。如果预测失败了，可能是因为地面的一个小台阶或一个小洞，你非常清楚会发生什么，一个瞬时警报状态就会启动，促使你恢复平衡。

如果我们不能提前知道车辆的运动轨迹，我们就不能握住方向盘，因为这样就连穿过马路都会变得十分危险。很多种运动也都不可能进行了，因为我们不能够计算球体的运动方向，也看不到重力会将其引向何方。在歌单和影音串流技术打破传统听歌顺序以前，每个披头士乐队的歌迷都体验过一种神奇的效果：每次在听完"*With a little help from my friends*"之后都会有一小段空白，但在继续响起之前，听者已经在脑中奏响了"*Lucy in the sky with diamonds*"的前几个音符了。

更精确地说来，你的大脑为了与过去进行对比而不断忙于想象未来。在接收到的浩瀚刺激中，大脑利用旧有经验去提前感知，这些感知在理论上来讲马上就会来临。不过当预报显示错误时，就好像踩空了的情况，它就会调取过去的经验，以便纠正错误。

就在几年前，科学界也纠正过一个自己的错误。曾经连续很多个世纪人们都以为大脑会根据从感觉器官传来的信息而进行反应。如今我们才知道，大脑不会反应，而是会预测。因此它才总保持活跃状态，一刻不停地让每秒上百万个化学反应穿过其中。大脑预测感知和感觉，如视觉、听觉、嗅觉等，然后将这些感觉和过去的经验进行对比。你自己可能都意识不到，至少在没有能引起你注意的意外信号传来时是这样的。经常驾车的人都十分清楚，在遇到下一个红灯之前意识游走到别处是什么感觉。

然而，就算当你集中注意力，比如听某人讲话时，你的大脑还是会自动筛选声音、音节和词语，试图预测接下来会出现的声音、音节和词语，也就是即将提出的思想。同样的事情也发生在你观看已经看过的电影时（总在提前想象即将出现的场景），甚至在看新电影的时候也一样（想象电影结局）。

预测功能和影响行为的最重要的神经元机制——奖励系统（比如多巴胺回路激活）紧紧联系在一起。20世纪初期，伊万·巴甫洛夫（Ivan Pavlov）发现了如今我们经常说的条件反射：每次在喂狗的时候，这位俄国心理学家都会制造同样的声音，然后他注意到，一段时间之后，只需要制造出这个声音，狗就自动开始流口水。巴甫洛夫那时还并不知道这其实是多巴胺回路的作用（到1958年才被人们发现），但他的实验为此后的认知学研究过程奠定了重要的基石。

有实验证明，一旦猴子学会了获取食物的机制（比如连按五次按钮）之后，这种灵长类动物就会获得一次多巴胺的释放，这样一来大脑自然就会体会到愉悦感。但在此之后，多巴胺就不会再和食物一起出现了，甚至也不会在猴子按下按钮的时候释放。欣喜地发现了如何填饱肚子的技巧之后，猴子在准备按按钮的时候多巴胺就会提前到来。这就是一种预测机制。和人们曾经相信的有所不同，奖励并不在行为完成之后才进行，而是先于行为。人们因此发现了神经元的预测性，大脑对未来的投影成了动力的来源。多巴胺在行为之前便在大脑中分泌以引发行动，而非事后对行为进行奖励。

有趣的一点是，当研究人员开始对猴子进行一次有一次无，即可能性为百分之五十的奖励方式时，多巴胺释放却并没有减半，反而几乎翻倍了。换句话说，在某种程度上的不确定性面前，最终结果是：奖励系统甚至通过多巴胺的控制来成倍增加满足感。可能正是因为这种深层逻辑才去鼓励人们进行轮盘赌（胜率只有 1/38）或是买意大利乐透彩票（胜率只有 1/622 614 630），有时甚至到了无法自拔的地步。

从另一个角度讲，我们可以说大脑对未来有着这种迷恋，是因为只有这样才能应对生命中的突发事件和不确定性，也因此这种机制在进化过程中被激发了。你的大脑在每秒钟之内计算的海量内部、外部信息经常是模糊不清的，所以它才试图去想象即将发生的事情作为弥补。准确地说，它需要进行大量的推断以便预测近期的未来。

"贝叶斯推断"的名字来源于 18 世纪的牧师、数学家托马斯·贝叶斯（Thomas Bayes），其基础是一项统计定理，用于根据可用信息的变化来估计一个事件概率的变化（在给定 B 的情况下，A 发生的概率等于给定 A 的情况下 B 发生的概率乘以 A 发生的概率除以 B 发生的概率。）。从贝叶斯推断得来的复杂数学统计在工程学、医学和哲学中均有应用。计算神经科学研究的是大脑中处理数据方面的功能，研究者将大脑视作一台贝叶斯机器，可以持续产出对于世界的推断，并根据实际的感觉感知进行修正。这一方法正在人工智能开发上展现出愈发重要的作用。

不过大脑的预测性可能也是理解人类智慧的一个关键因素。杰夫·霍金斯（Jeff Hawkins）是 20 世纪 90 年代一款掌上电脑 Palm Pilot 的创始人，他创立了一家人工智能的初创企业，理论基础正是这些神经学机制。在他的书籍《论智慧》(On Intelligence) 中，霍金斯将智慧定义为"大脑通过与过去进行类比来预测未来的能力"。这样说可能还是有些过于简化了。"新的科学研究提出，思想、感情、感知、记忆、决定、归类、想象和其他很多过去被认为是不同大脑功能的思维现象都可以整合归属在一个机能之下——预测。"美国东北大学的心理学家丽莎·菲尔德曼·巴里特（Lisa Feldman Barrett）的这个观点更加准确。

预测这项大脑功能完全不能被用户所察觉，正确激活该功能需要另一项重要的机制。为了能够将不确定的未来与已知的过去相对比，大脑需要内置记忆。

4.2 记忆

你就是你大脑的记忆。没有记忆，你就不能说话，不能在空间中移动，不能有社会关系，也就成为不了你自己。就会像人格被抹去了一样。

我们所有人都继承了我们的祖先在历史长河中的发展成果。没有记忆，我们熟悉的人类文明和社会群体都将不复存在。一个语言的记忆留存让文化的创造和流传成为可能，湍流般的口述传统，河川般的书籍，以及如今海洋般的多媒体信息全部汇入其中。

你安装的记忆版本与现版本的大脑系统 100% 兼容。这样的装配有着非常标致的人类特征。沿着自然演化那无休止的轨迹，记忆首先进化为一种关于恐惧的机制，为的是让机体记得远离危险。脊椎动物大脑中新添了空间记忆，可以优化对世界环境的探索，对猎物和猎食者都有利。到了哺乳动物进化出了一种社会记忆，分成不同等级和家族关系。灵长类动物还拥有操作运动记忆。人类更是拥有主观记忆，能够根据经验在自己的调色盘上区分出个性，再将其投影在社会上。

信息并没有一个中央储存处，而是分散储存在非常复杂、彼此交错的神经元网络中，还有很大空间值得我们去深入研究。每一个记忆碎片（词语、景色、感情）都是在他们被创造的地方（颞叶、枕叶、边缘系统）进行解读的，每当记忆唤醒的时候这些区域都会被重新激活。

记忆不是一个单一的过程，记忆的类型多种多样，每一种记忆都在不同的神经元区域中进行解读。

短期记忆真的很短，短到只有几十秒。它就像是在不断地记录着我们生活中发生的一切，物体、他人、我们在市中心逛街时看到的橱窗等等。但除非通过关联来唤醒记忆或是通过努力解读来进行记忆，这些信息过不久就会永远消失得无影无踪。哎，不过患了超忆症就另当别论了。这是一种罕见的病症，患者被迫记得住自己在 2005 年 4 月 13 日着装的全部细节，或是他们在早餐前说了哪几句话。通常来讲，人类甚至很难记住几秒钟前刚刚听到的电话号码。

短期记忆中的一类叫作**工作记忆**，举个例子，我们为了能多记住几秒刚才说的电话号码而在心里重复默念的时候，用到的就是工作记忆。

短期记忆为**长期记忆**的形成奠定了必不可少的基础。长期记忆实际上就是我们熟知的那种记忆。它集合了生活中最具重要意义事件的再现、多种语言的语义词汇库、千姿百态的手工和运动技能的归纳，再加上名称、数字、面孔、地点、事实、概念、情感、感觉、质量、判断和信念。

对于分类爱好者来说，长期记忆一般分为两种：

显性记忆，可以是**情节记忆**（上一次圣诞节午餐的菜单、妈妈的生日）或与**语义记忆**（莫斯科是俄罗斯的首都、进入剧院要先买票）；

隐形记忆，包括自动运动记忆（用笔写字、骑自行车）以及条件反射。不过也可以加上**空间记忆**，与空间方向感有关，比如在熟悉的城市中移动的能力。

长期记忆既包括近期的事实（今天早晨路上遇见的老朋友），也包括很久远的事实（那个一起度过的暑假）。这就对了，老朋友和暑假都是关联的例子，人类记忆主要就是通过**关联机制**工作的。和一个已经熟知的东西联系在一起的话记住一个新事件就会变得容易得多。记忆大师都会使用关联的思维技巧，比如用一个熟悉环境中的路径来记忆一组不可能记住的对象。原口证是一位七十多岁的日本工程师，2006 年他依靠记忆背下了圆周率（3.141 592 653 5 等等）的小数点后10 万位，从早上 9 点开始，直到第二天凌晨 1:38 才结束。

不过关联的记忆还会产生另外一个东西：事件的多感官重建。遥远的两个星期前在海边的场景看似在记忆中消失了，直到我们遇到了这位老朋友，好像一部已经忘却的电影中的一位配角，她将你的思想重新带回那个闷热的夏天、散发香味的松林、令人恐惧的考试和电视中的世界杯比赛。但是对于过去的重建也是受情感控制的，有可能扭曲事实，甚至完全错误。

长期记忆就像所有完善的档案一样，需要信息的解读、存储，并且需要知道如何能够再次找到。我们并未确切知道信息的生化转译机制，不过这整个过程很明显和学习有关。所以，也就是和突触的强化相关。

强化记忆必须要做的就是重复，中学老师和神经科学家都会这样说。然而这样还是不够。没有注意力，或者说如果大脑不能聚焦于我们正在阅读或聆听的东西的话，再重复也没有用。没有动力，没有好奇心的内部驱使或期望在未来得到报偿（比如学历）的情感激励的话，保持注意力就变得十分艰辛。

作为补偿，记忆在和强烈的情感状态相关联的情况下就可以很好地印刻下来，这些情况不外乎是悲伤或喜悦的事件。所有人都记得 2001 年 9 月 11 日在听到那个震惊世界的消息时自己在哪里、在做什么。不过当事件过于具有冲击性时，记忆也会被创伤后的压力转化成一种不愉快的症状。相反的情况也有，冲击性事件的记忆会被不自主地抹去，尤其婴儿时期的体验更是如此。

最后，正如前面提过的，记忆是和**环境相关**的，也就是说视觉、听觉和经验来的感觉信息都会在同时印刻在记忆中。所以如果尝试回忆起一个事实或一个数据，就可以试着去回忆起当时的场景环境。借助关联机制，很多情况下我们都能够重新忆起一度缺失的信息。

那么在你的大脑中到底装载了多大的记忆空间呢？这个性命攸关的问题答案千差万别，有人说根本不可能计算，也有人，比如加利福尼亚州索尔克研究所（Salk Institute）的特里·瑟伊诺维斯基（Terry Sejnowski）通过计算机的二进制数学比较分析估计容量大约有 1PB（拍字节），也就是很可观的 100 万 GB（吉字节）。照这样计算的话，还从来没有什么人真正到达过这个极限。

还有人开玩笑称，人类大脑是世界上独一无二的容器，你往里倒的液体越多，它就越能盛。然而事实确实是这样的，至少有三个原因：一来因为记忆的关联机制可以用来节省空间，避免信息重复。二来因为学习能力会随着我们了解多种语言、学习弹奏乐器或经常使用记忆来记住新事物而有所改善，除了神经元老化带来的速度降低以外，你向容器里倒入的液体越多，知识就越容易到手。最后也是因为，学习、理解、深化，甚至是彻底改变观念或立场时，肯定在大脑中真的发生了什么，只是身体上看不出来而已。

记忆恰恰取决于大脑不断重塑连接的能力，每个瞬间都在进行。

这是一种非常特殊的系列功能，在你购买大脑之前就已经激活了。这种功能就叫作可塑性。

4.3 可塑性

来自意大利皮埃蒙特大区的解剖学家米歇尔·温琴佐·马拉卡尔内（Michele Vincenzo Malacarne）曾经做过一个有点儿奇怪、有点儿恐怖的实验。他饲养了两只出自一窝的小狗，以及几对出自同一个鸟巢的小鸟。然后，他凭着耐心花费两年时间只训练每对动物中的其中一只，而让它的兄弟基本不受任何刺激。在这之后，他将所有动物都杀死了，然后打开了他们头盖骨进行相互比较，以观察每对大脑之间是否存在差异。

马拉卡尔内之所以能够成功地完成这项在如今一定会被人痛骂的实验而不受干扰，只是因为当时是遥远的 1785 年。这是一项旨在向科学贡献宝贵信息的实验，实验中，接受了训练、接触了大量刺激的动物拥有肉眼可见的更加发达的小脑。换句话说，马拉卡尔内发现经验感受可以在物理层面上改变大脑结构。可惜的是，近两个世纪的时间里没有一个人注意到他的这项颠覆性的研究成果。

大脑不仅会改变，而且是时时刻刻在改变。看纪录片、读书、参加会议或在咖啡馆和朋友们聊天的时候都在改变，每一条新信息、每一种新经验和每一个推断都会在神经元的纳米级小宇宙中做出某些改变。

这种由进化带来的特殊性质被称作可塑性。可塑性是记忆和学习的基础。其他动物也有可塑性，但只有哺乳动物，尤其是智人脑中的可塑性借助增大的皮层、文化的产生以及语言的产生而扩大了。

可塑性可以增加新的神经元连接，通过一边的轴突，或者通过另一边树突和树突棘的分支来实现。举个简单的例子，树突棘的数量甚至是形状可以在几分钟或几秒钟之内改变。在几个小时时间里这个数量不断增长或消减，新旧连接疯狂地相继出现和消失，尽管这个改变在神经回路的总电缆中只是小小的无言的一角。

此外还有突触的可塑性，能够增强或减弱神经元之间的连接。加拿大科学家唐纳德·赫布率先提出，如果两个神经元同时被激活，那么连接这两个神经元的突触也会得到强化。赫布的理论称："一起激活的神经元会连接在一起。"一起被激活的神经元会结成一对并增强彼此之间的连接。从赫布的发现开始，人们找到了突触增强的机制，比如长期增强作用（LTP）。

我们说记忆牵涉到大脑上的很多区域，巩固记忆的基础结构是颞叶皮层、海马和相关的边缘系统结构。记忆的巩固通过重复来达成。海马有着多重的突触分支，十分强大，用来分拣信息以便信息之间可以相互关联。巴贝兹回路（Papez Circuit）长35厘米，起始于海马，经过边缘系统和颞叶皮层，美国神经解剖学家詹姆斯·巴贝兹（James Papez）将其视作是情感机制的中心。不过如今我们知道巴贝兹回路其实是记忆机制的中心。从一个事件或一条信息中生成的连接将沿着巴贝兹回路进行几次高速运转，然后在皮层中得到物理性巩固，之后这些连接甚至不需要海马的帮助。这就解释了为什么两侧海马受伤的病人不能够形成新的记忆，但可以毫无障碍地记起遥远的过去。

和长期增强相反的作用叫作**长期抑制作用**，指的就是突触效能减弱，预示着健忘症，而长期抑制作用本身也是学习的重要补全部分，用来理性分析记忆，避免保存毫无用处或用处不大的信息（不过可惜的是它也会破坏有用信息）。而在长期增强作用中，随着上游神经元信号密度的增长，下游神经元的应答也会增长，这样就得到了增强。如果你坐在桌前记忆一首诗或一首歌，等到你站起来的时候你的大脑就已经微微不同了。

进化借助可塑性为生命找到了一个至关重要的解决方法，就像我们实验证明的那样。神经元回路和突触总在不断地重新组织，以便大脑能够学习周围环境中的一切。我们的基因在每一个脑细胞中都详细地储存着，但大脑以这个方式至少在部分上从基因构成的限制中解放出来了。我们此时的讨论恰好符合了那两个文字游戏般的英语单词：nature/nurture（即先天与后天）。是 DNA 的自然设置重要，还是从周围环境中习得的不同层级文化更重要呢？这是道陷阱题，包含了哲学和伦理学定义。有人支持前一种说法，有人支持后一种。但毋庸置疑的是，我们可以仅仅简单地回答，两方都很重要。甚至可以说，幸亏是两种都有而不是只有一种。

就在距今不久的历史中，人们还曾经相信在出生前到出生后三年的反复发育之后，大脑进化会慢慢放缓，在青春期的尾声接近停止。如今我们则知道，为了适应行为、环境、思想和情感的各种变化，大脑在不知不觉地改变着。改变是一直持续着的。你拥有天生的创造新联系、重组神经元通路的能力，甚至在极端情况下（比如，伴随着某些特定种类脑损伤）你还可以创造新的神经元。

性格、天赋和能力在生命的存续期间总是保持稳定——这一想法是毫无根据的。相反，如果我们认为性格可以改善、天赋可以培养、能力可以增长，并且更进一步地讲，不好的习惯可以修正或一门新语言总是可以学会的话，作为性能良好、充满智慧的大脑拥有者，你我都能敲开新的大门。

关于自主功能请参考控制面板章节（P145）。

关于意外可塑性效果的修正请参考习惯和依赖章节（P182）。

4.4 智力

依靠着对于过去的记忆、对于现在的可塑性和对于未来的预期，智力，或者说你拥有的现代智人版本的中枢神经系统中最伟大、最杰出的特性，就这样从大脑胶状的"湿件"（wetware）中诞生了。

只是给智力下个定义就很复杂了。如果我们将其概括成对环境的感官感知、分析信息，并为了未来的不定性而将信息贮存起来的能力的话，智力就不只是人类的特权，甚至也不是灵长类动物或者哺乳动物独有的。几十亿年的物种选择将不同程度的智力分给了这颗水陆星球上的一切生物。不过灵长类动物和哺乳动物出于生存需要更清楚如何使用智力。

从人属（约250万年前）到智人（20万年前）最后再到现代智人（5万年前），我们的社会、工具语言以及更晚出现的书写语言逐渐抬高了智力的杠杆，让达·芬奇产生了无尽想象，让巴赫汲取了灵感，让黑格尔阐述了理性。换句话说，这种智力是交流、理解、学习、发明的执行能力，演变成一种进化差异，形成一种良性循环，由此孕育了科学和艺术、音乐和哲学。

这样，给人类智力下一种定义就可以包括理解、学习、自我意识、创造性、逻辑和为适应不断复杂化的环境而解决问题的能力。然而，也有人提出智力存在多种范畴，比如丹尼尔·戈尔曼（Daniel Goleman）的**情感智力**（解读和翻译他人情感的能力），像霍华德·加德纳（Howard Gardner）甚至主张有9种智力：**自然智力、音乐智力、**

逻辑 / 数学智力、人际智力（等同于情感智力），**个人智力**（和自己的关系）、**语言智力、存在智力、身体智力和空间智力**。说到这里，我们也可以将意识看作是智力的补充部分，不过科学和哲学之间关于智力和意识二者的争议太过强烈，我们还是不谈为好。

尽管相对地球上的其他动物而言，现代智人以一种粗鲁的至高无上的感觉而自居，但如果认为我们基因组中固有的智力在过去的 5 万年中又已经进一步发展了的话那就错了。然而，从用于雕刻石板的燧石到开启智能手机的处理器芯片，人类已经找到了一种可以用指数增长速度来扩充知识的方法：在谷登堡去世的 1468 年，只有 160 ～ 180 本发行的《圣经》，而如今每天都会有大约 1000 万个新网页出现。这样的差异非同小可。

智力一直是炙手可热的科学辩论主题，但更重要的是，它一直是一种创造差异性的工具。很长一段时间以来，智力都只与天赋（自然的恩赐）或社会阶层（继承性质）相关联，而到了 20 世纪初，**智商**（IQ）测试出现了，人们经常用它来渲染一些民族和人种偏见，智力是不变的这一想法变得更加根深蒂固了。1904 年，智商测试首次在法国学校进行了实验，实验人是心理学家阿尔弗雷德·比奈（Alfred Binet），只是他的目的与看法和上述说法完全不同。比奈将智商定义为良好的判断感觉和能力，或是"适应环境的能力"。他的目的也纯粹是想告诉教师如何帮助有困难的年轻大脑更好、更多地学习知识。

一个世纪之后，我们终于掌握了证据，证明了比奈的观点才是正确的。智力并非稳定的、不变的、预设的。证明之一是我们所说的弗林效应——弗林（Flynn）是发现（并部分描述）这一效应的科学家。从最初的测试到今日的这一个世纪中，人类的平均智商在稳定增长。

所以我们比祖父和曾祖父更聪明吗？怎么可能呢？基因特性不会在如此短的时间内改变，虽然可以在一定程度上质疑智商测试方法的合理性，但这一谜团的答案最终还是要落回到文化层面上来。

我们的祖先以狩猎采集为主要活动，依靠着发达的大脑皮层，早在农业发明以前他们就能够使用一种原始的语言，并且在彼此之间互相学习，并以一种合作模式来组织他们的部落社会。全球化的现代社会中，大脑更是在生命的最初几年就已经可以选择如何在智力配置中启动意识和创造性了。我们这里谈论的更像是使用软件的方案（保姆的声音、幼儿园的经验和小伙伴之间的游戏）而非硬件（玩具、书籍、电脑、平板电脑、电视游戏），软件可以在已经安装的现版本大脑系统中建立起新的模块。大脑可以创造文化，这一点不假，但文化也可以在物理上改变我们的大脑。

曾经人们认为智力是一种稳定不变的大脑特性，如今我们知道并非如此。不仅是这样，我们还证明了，如果大脑使用者相信智力是命运的必然产物的话，他就会变成"刻板印象威胁"的受害者，即不自主地承认某一种族、社会阶级或类别的智商劣等性谣传。相反，无数心理学研究都表明，如果大脑自认为没有极限，其所有者就真的能展开双翼。

曾任教于斯坦福大学的心理学家卡罗尔·德韦克（Carol Dweck）曾就此问题进行过解读和临床试验。很多小孩子都坚信智力和天赋不可扩展（她称之为**固定思维模式**，fixed mindset），但如果有人鼓励这些孩子将思路转变为**成长思维模式**（growth mindset）的话，教育结果就会十分惊人。德韦克认为，抱有固定思维模式就不可能挣脱天赋的枷锁，这样的人想的是"或有或无"，并且不论是否自觉都会将学习某事的努力看作是无用功，白费努力。更多地使用心理学杠杆有助于采取动态的学习策略，比如将及格／不及格的判定系统转变为"成功做到了"／"还未达成"。换句话说，这就证明了向成长思维模式的转变是可行的。

这样，只要你相信可以变得更聪明，大脑就会变得更聪明。很明显这一规则不仅适用于婴儿时期，各个大脑年龄均适用。

不过智力的极限是什么呢？人类可以不依靠自然进化的缓慢力量就成功地提升种族的智能吗？或者在我们的行星上观察到的智力的进化，从原始神经系统一直到抽象推理，就已经到达了极限？

进化创造了无数智力的样本，狗、老鼠、海豚、人类等等，似乎可以肯定人类终将能够复制这一过程。只要假设科学技术发展稳步前进持续不断，本质上就不可避免在未来创造出拥有人类智力级别的机器。有人说2050年实现，有人甚至认为会更早。就算晚上十年，智力的进化也似乎并不会注定止步于现代智人，而是以固态电子的形式延续。这好比是说人性从智力转变成了数学算法。

哎，这也不好说。从正在进展之中的科学进步来看，想象一个生物智能和电子智能汇合的未来并非荒谬。在此方面有些科技比今天流行的"增强现实"（AR）更有推动力，比如能直接和大脑接触的神经元芯片。同时，当人们在基因转录科技领域迈着大步伐前进时，也会去寻找人类基因和黑猩猩基因的那一小点差异（占全部的1.2%），并尝试修改和增强那些基因的修正进程（比如强大的CRISPR-cas9可以做到染色体信息的复制粘贴），这也预示了一个可以修改、扩增基因的未来尝试。

智力进化的旅程当然不会就此停歇。

　　你的大脑在交货的时候就已经预先安装好了。所以使用前并不需要复杂的连接或设置。尽管如此，在生命最初几年的启动阶段还是需要一定的细心养护。

　　为了能够运转正常，最好能从能量供应（通俗地说就是食物）、必要的修复周期、休整（睡眠）和所有周围机械系统的效能（体育运动）开始进行保养。我们衷心地提醒你，产品一经供应就不再保修。

　　关于自主功能，请参考控制面板章节（P145）。

　　关于非自主和半自主功能，参见操作性能章节（P93）。

5.1　启动前

　　这项工程既不寻常又普通至极。它十分精彩、十分神秘，它近乎完美，但也可能存有瑕疵。这就是大脑的组装，过程持续九个月，关乎这个世界上最美丽、最复杂机器的启动。

　　工程开始三周后，母体工厂就不再接收进展信息了，一些干细胞已经开始繁殖、分化。**外胚层**是此时陪伴微小胚胎的最外一层细胞，这些细胞已经准备好分工了：它们能够变成皮肤的原始细胞，可以变成牙釉质，也可以变成神经元。变成神经元的神经外胚层会重组搭建出我们称为**神经管**的组织，也就是实际上的神经元工厂。

安装流水线已经运转起来了。新的神经元开始向着最终目的地迁移，谁也不知道它们为什么已经知道方向：尽管胚胎只有几厘米，神经元的大小却也只有大约 0.4 微米，所以它们的旅程其实很长很长。神经元一旦到达目的地，就要开始承担起那个精确的大脑区域的特别功能。它们开始发育出树突和轴突，预示着最初的突触即将诞生。

又过了两周之后，神经元以惊人的速度——每分钟 25 万个新细胞的速度生长。新的连接也以每分钟上亿的节奏形成。这时的迁徙距离又增长了，因为整个内部结构都膨胀了，所以就像流散一般扩展。然而尽管情况就像高峰时期的交通，每个神经元却精准地知道要往哪里去、要做什么、要变成什么，所有的一切都写在个体组建安装流程的说明书上，并储存在每个细胞的 DNA 中。

九个月结束后，细胞分化已经制造出了一个微缩的人形，体内有小肝脏、小心脏以及两个小肺叶。而此时的大脑已经具备了800 亿～ 900 亿个神经细胞，为日后的生命做足了准备。在接下来的18 ～ 20 年内，神经元会不断增大，与髓鞘包裹的轴突以及胶质细胞群一起成长，但数量不再增加，而且反而会随着时间的流逝而减少。

神经元的发育一般会分成两部分。在第一部分中，独立于感受活动的机制开始运转，这也就是组装阶段，由生物工厂（食物、睡眠、体育锻炼和母爱）进行管理，但主要还是服从 DNA 的指导。简而言之，就是我们的"自然性"。第二部分也同样重要，是伴随着成长本身的感受机制的激活。感觉是与世界进行直接接触的体验，比如触觉、视觉、听觉和知觉，能够增加、改变或者消除将一个人类个体与其他个体独立出来的突触。简而言之，就是我们的"文化性"。

5.2 启动

从脐带断开的那一刻起，崭新的大脑就开始了自己独立的冒险旅程，感觉风暴即刻袭来。巨量的光子抵达视网膜的神经细胞，神经细胞将脉冲送达枕叶的初级视觉区域。母亲的声音会制造出声波，一旦抵达内耳就会转化成电化学信号然后传输到位于颞叶的听觉皮层。在信息到达感觉器官的作用下，神经元开始增加突触：上方是树突与其他神经细胞的轴突终末相连，下方是轴突与其他树突相连。这是大脑可塑性的杰作。

可塑性在成年之后也可以保证学习过程的进行，由此可以推论，随着年龄的增长，在知识吸收的作用下，突触连接的数量会到达巅峰值，对吗？

错了。大脑的神经发生活动，也就是新神经元的制造活动只会持续到生命的最初几个月，大概到了 3 岁左右突触的数量就已经是最大值了。根据一些人的估计，3 岁的儿童大概有 1000 亿个连接，每个神经元平均与另外 1.5 万个神经元相连。一个成年人的连接数量只有一半。这是自然进化的一个有趣的选择，神经元连接不会一直累积，更合适的方法是挑选累赘的那些然后再做减法。

这一过程叫作**突触修剪**。就像园丁修剪乔木和灌木一样，大脑也有一套修剪无用连接的系统，而且同时可以增强那些被规律性激活的连接。这样伟大的重构工程会持续很多年，至少到青春期结束以前，修剪范围也包括那些不能接收或是不能发送信息的神经元，它们不再具有存在的理由，会慢慢凋亡。

大脑的可塑性使大脑在受到损伤或失去某种感觉的时候也可以让神经元和突触重组，这就解释了为什么失去视觉的人会拥有更加丰富的听觉和触觉经验。并且即便到了成年的时候，在最小规模上的结构调整也能令学习过程顺利进行。但在刚刚出生后的时间里，外界的输入就变得尤为重要，因为那决定着一个崭新的人类大脑的塑造过程。

智人的脑优势来源于脑的大小（虽然不是自然界中最重最大的，但相对身体质量的比重是最大的），以及大脑皮层的突出功能，尤其是负责复杂功能，包括抽象思维、语言、共情和良知的额叶。

地球上没有另外哪个物种会经历同样长时间的儿童时期和青少年时期，这两个阶段明显是用来构建智力、意识、本体感觉等结构体系的。从进化的角度来看，创造文化的能力助长了高效大脑的发育，只有足够长的构筑时期才能让我们的大脑皮层具备很多非常复杂的功能。

这样的结果就是，出生后的社会环境和社会互动会决定人类大脑机器的质量，至少和出生前染色体的作用相当。人类的幼儿需要比其他动物幼崽更多的关注才能正常成长。

上千年又上千年过去了，男人和女人共同抚养子女。不过到了最近几十年，科学开始着手细致研究儿童的成长过程，这一过程全方位绘制着一个不断改变中的人类文化，一代接着一代。除了突触可塑性之外，另一个重要的科学发现关乎大脑回路在特定发育时期，即所谓的"关键期"中的发展。

大脑结构中负责视觉和听觉的基础是在出生后的两个月才开始奠定的，和语言文字相关的基础则是在第七个月左右，而最复杂的认知功能在突触上的建立则要到两岁左右。神经元回路发育中存在着优先等级，因为每个大脑区域都会以不同的顺序和时间成熟。比如以视觉为例，分析颜色、形状和运动的区域率先发育完全，然后再将发育空间留给其他更加复杂的功能，比如面部识别或是表情含义识别。如今，科学告诉我们可以有很多机会去利用这些发育关键期。不过要是提到风险问题，回顾一下历史就足以明白了。

腓特烈二世是神圣罗马帝国的皇帝，可以流利地讲六门语言。他非常热衷于认知科学，想要探究人类的原始语言到底是什么，也就是最早赋予夏娃和亚当的语言是什么。于是他决定做一个非常深入的实验：他将一群新生儿与一切人类隔绝，就连喂养他们的人也不能跟他们说一个字。实验结果可想而知：并不存在原生语言，更没有任何其他形式的语言，而且这些不幸的年轻生命一生都不可能开口说话了。

像人脑这样一台复杂的大脑机器，在启动的时候需要精心的照料和看护。在基因程序表达完全以前，它需要一个合适的环境和适当的经验。环境包括摄取正确的无毒的营养（孕期和哺乳期都需要），以及一个健康的、压力适当的社会环境。感觉经验在母体中就已经悄悄开始，然后当婴儿有了微笑的视觉体验、声音的听觉体验、奶水的味觉和嗅觉体验、怀抱的温暖体验等种种感受能力时，感觉经验开始集中爆发，沿着关键期的各个发展阶段自然发展。不过有一点我们很清楚：大脑构筑中的核心要点在儿童到达学龄之前就已经奠定了。

时期和文化也会影响新一代的成长方式。20 世纪初期，在腓特烈二世的疯狂实验之后又过去了几个世纪，再没有人对儿童大脑发育倾注如此多的关注，而只是简单地认为大脑会"成长"，能够以隐性的方式加强社会分化，区分出那些有机会刺激自己大脑发育（比如通过读书、旅行、看话剧等）的人和那些没机会刺激的人。如今我们的看法正好相反，有人提出大脑发育的关键期在出生后三年就结束了。

但事实上绝大多数的教育系统并没有完整地考虑过认知科学成果，至少没有近期的研究。如果真的认真考虑的话，比如说第二外语的学习应该在幼儿园的时候就开始了，不能比这更晚。

5.3 能量需求

人脑约重 1.35 千克。按比重来说，大约是身体重量的 2%。尽管如此，它会消耗机体休息状态下，也就是基础代谢 20% ～ 24% 的能量。虽然这一测量数据会随着身体大小、年龄、性别以及健康状况的变化而有所区别，但不管怎么说，大脑总是渴求着能量。

如果我们假设某个人一天的**基础代谢**是 1300 千卡，一天中每小时的耗能要稍大于 54 千卡，相当于 63 瓦 / 小时。63 瓦的 20% 等于 12.6 瓦，所以大脑的能耗甚至远远小于一只旧白炽灯。IBM 的超级电脑沃森（Watson）曾经打败过《危险边缘》（美国一档语言难度极高的智力游戏节目）的蝉联冠军，而这台电脑耗能量是 8 万瓦 / 小时。因此我们可以说，大脑是一个低耗能高效率的机器。

记忆和智力相应的细胞的代谢需要营养的供给、长时间的休整和短时间的活动。每位用户都需要调用智力来谨记所有这些需求，最新的科学研究发现也证实了这一点。

5.3.1 营养

植物世界和我们的大脑世界之间有一个神奇的联系，这二者都以葡萄糖为营养。

植物利用来自太阳的光子的能量，将来自空气中的 6 个二氧化碳分子，以及来自土壤中的 12 个水分子中的原子进行重组，以此方式制造出一个葡萄糖分子（以及释放水和氧气）。葡萄糖是一种能够为植物供给营养的糖，可以转化为长链的碳水化合物并作为能量储备。

大脑实际上只能以葡萄糖作为营养。和光合作用相反，葡萄糖是从我们吃进去的碳水化合物进行消化分解而来的，经过血液循环运送至血脑屏障的另一端，然后在这里为神经元源源不断地提供能量。葡萄糖经过一个需要氧气参与的化学反应转化为 ATP，也就是三磷酸腺苷，再由这种分子将代谢所需的化学能运送至细胞。

大脑的能量消耗大约是每天 120 克葡萄糖，24 时内基本保持稳定，不过皮层中激活的区域要比非激活区域消耗的稍微多一点。我们如今能够通过 PET 或 fMRI 技术实时研究大脑的功能，离不开这些不易察觉的差异的帮助。

长期节食之后可能造成一个例外情况。大脑只会使用少量的能量储存，当葡萄糖不能供给时，它就会使用一种替代的碳氢燃料来延长其功能使用（以及自身生存）。这种能量就是所谓的酮体，一类水溶性分子，在需要时（葡萄糖监视灯亮起时）由肝脏进行合成。不过监视灯最好还是不要亮太久：低血糖（缺乏葡萄糖）会导致意识丧失或者更糟的情况出现。

这样讲的话我们有理由这样想，一个人吃的糖越多，大脑就越满足。从一方面来说，我们的这个直觉是正确的：舌头上的甜味感受器刚刚投入好吃的巧克力冰激凌中，我们的大脑就会释放内啡肽和多巴胺，此二者会为其所有者带来舒适感。但从另一个角度来说，事实全然不是这样。

我们在吃一道极为可口的菜肴时，多巴胺水平上升会促使奖励系统骤然上升。但是如果同一道菜连续五天午饭晚饭不断重复的话，多巴胺峰值就会逐渐下降。换句话说，大脑鼓励用户成为杂食者，不断改变进食种类，以保证机体能够获得所需的所有宏观和微观的营养。然而，就算是反复吃甜食，多巴胺水平也不会出现波动。而且太过习惯甜食舒适感的人可能会经常渴求甜食。这一现象被称作抗药性。

实际上碳水化合物也分很多种。复杂的碳水化合物存在于自然界的可食用植物（和奶制品）中，它们的糖分子链很长，在消化过程中缓慢分解以产生葡萄糖，一点一点地进入循环系统，就好像缓慢释放的胶囊。而简单的碳水化合物来自精粮和工业食品，这些糖类的分子链更短，可以很快分解，迅速进入循环，就好像注射的效果一样。不良后果是，如果循环中的葡萄糖量过多，胰腺内的胰岛就会迅速产生胰岛素，刺激所有身体细胞为了未来需要而储存葡萄糖。不过只有神经细胞不会储存葡萄糖，它们是唯一一种没有自带仓库的细胞，所以在这种情况下葡萄糖供给就会突然变得不稳定。

于是就会产生大大小小的思维障碍，影响我们回忆信息、制造思想和控制情绪。葡萄糖形式的碳水化合物是智慧的燃料，而高剂量的简单碳水化合物形式就会变成思维混乱的源泉[1]。

加利福尼亚大学洛杉矶分校（UCLA）的教授费尔南多·戈麦兹-皮尼拉说："我们的研究显示，思维方式会受到我们饮食的影响。"他在一项用小鼠做的实验中观察到，"由大量果糖构成的长期饮食结构会改变大脑学习和记忆的能力"。换句话说就是，饮食习惯决定了健康状况和大脑效能。葡萄糖水平过低时，自控或决策等心理过程就

---

1 成百上千年来，人类曾经只能通过蜂蜜和水果来体会到甜味。最早的食用糖迹象是在印度发现的 2000 多年前用新几内亚的甘蔗制作的蔗糖。不过对于古罗马人和古希腊人来说，蔗糖是一种药物，很难获得。直到中世纪晚期的时候蔗糖还只供君王使用。到了殖民时代初期，西印度群岛的甘蔗开始普及，蔗糖成为富人的食品。直到 19 世纪时，蔗糖才在日常饮食中占据一席之地，不过 20 世纪的时候它也助长了肥胖率的增高。

会减弱。但当葡萄糖水平过高的时候,整个系统都会变得迟缓。此外,某些其他食物也可以使思维模糊,让大脑变得健忘并难以集中精力。比如对于乳糖不耐受的人的大脑,乳糖的摄入就会导致精神变得"云山雾罩"。

戈麦兹–皮尼拉和他的研究小组还做过另外一个实验。除了大量供给果糖的那组小鼠以外,对于另一组他们喂食了ω-3脂肪酸。ω-3脂肪酸通常存在于三文鱼、核桃以及亚麻籽中。他们观察到,这种物质在过多糖分的作用下能够"帮助减轻损害"。

近些年,人们在讨论ω-3时会把它的作用说得神乎其神:既能治疗癌症、心血管疾病,又能治疗自闭症和抑郁症。对于肿瘤和心肌梗塞的效果我们并没有什么证据,不过关于ω-3对脑功能的作用,有很多研究得出了基本确定的鼓舞人心的结论,肯定了它可以在大脑衰老期间、在有注意力缺陷或有攻击性行为的年轻人脑中对认知过程起到的积极作用。这些结果足以向所有人建议要经常性地食用三文鱼和其他所有冷水鱼或小型鱼,比如鲱鱼、凤尾鱼和鲭鱼等,因为它们拥有更多的EPA和DHA(两种不同的脂肪酸)和更少的金属物质(比如可怕的水银),对妊娠期间的妇女我们也极力推荐这些食物。

大脑是你拥有的代谢最活跃的器官了。它之所以会消耗这么多的能量,是因为大脑需要不断循环神经递质,并在神经元以几微秒的间隔连续"发射"之后重新建立离子梯度。所以这也解释了为什么在能源见底的时候大脑就会变得如此脆弱。

植物世界和我们的大脑世界之间的联系揭示了非常神奇的一点。太阳,作为行星系统中心的一个巨大的核反应物,每天都会向着地球输送维持一切所必须的能量,从光合作用到人的思维无一例外。

具体的建议请参照建议章节(P89)。

5.3.2 睡眠

电灯泡的发明深刻地改变了世界。想要了解这一点，只需去一个没有电的非洲村落就知道了，你可能会惊讶地发现，在太阳落山后除非靠近闪动的火光，否则根本不能进行阅读。托马斯·阿尔瓦·爱迪生（Thomas Alva Edison）的发明让数十亿人可以随意安排一天中的24小时，在夜间感受祖先只能在白天感受到的大脑体验。不过唯一的缺点是：人工光源打断了睡眠。

睡眠是一种明显的意识丧失，是一种"我思故我在"的开关。睡着的时候，我们对世界的感知陷入抑制状态。知觉还在工作，只是好像处于待机状态一样。就连自主肌肉也都沉睡下来，这是一种十分安详的感受，为诗人所赞美，为所有疲惫不堪扑倒在床上的人（比如倒时差的旅客）所歌颂。

睡眠在进化上历史非常久远，是我们和哺乳动物、鸟类、爬行动物和鱼类共同拥有的。不过睡眠有的时候也是可以选择的，甚至偶尔被人们嫌弃，这正是灯泡发明的结果。"睡眠是疯狂的时间浪费，是洞穴时代遗留下来的习惯。"爱迪生如此宣称道，他为自己的超级事业感到自豪（也因其创始人的职权与爱迪生电灯公司产生了一些利益冲突）。如今，一个半世纪过去了，政治家和企业董事经常公开炫耀每晚只睡四五个小时。实际上面对这样一个大脑－肌肉情况的展示，市民和活动家应该感到担忧才对，因为大脑被剥夺了睡眠之后不能正常运转。

不过我们为什么会睡着呢？这个问题很难回答，只是因为已经问世的理论太多了。我们很确切地知道，如果我们剥夺睡眠，大脑功能就会下滑，会经常犯错，变得易怒，没那么有创造性，如果到达极限的时候还会出现极端情况：死亡。

有一种观点表示，睡眠是用来储存能量的。不过这一观点并不令人信服，因为睡眠中节省的卡路里十分有限。还有观点认为，在进化中睡眠有防御和安全功能，不过我们在睡眠过程中毫无防备，这就可以一下击倒这种观点。但睡眠的确会带来生理健康恢复的积极作用，甚至有证据显示，睡眠会加快伤口结痂，并巩固免疫系统。不过近几年的研究发现，睡眠首先是用来起到清理作用的，可以将长期记忆和短期记忆进行重组，所以对学习过程也很有益。而且根据一个最新研究，睡眠还能够清理有毒有害物质，能够通过一种胶质淋巴系统（因为该系统内有胶质细胞参与，而且和淋巴系统很类似）将高度不受欢迎的细胞清理出去，比如阿尔茨海默病中会大量出现 β - 淀粉样肽。研究中提道："β - 淀粉样肽的堆积会造成深度睡眠时间缩短，记忆力也因此受损，而一个人深度睡眠的时间越少，他的大脑就越不能清理这种邪恶的蛋白质。"

不论如何，就近几十年的研究成果以及现代科技的发明来看，睡眠毫无用处的思想绝对是错误的。大脑在睡眠中并不是停止了工作。从很多方面来讲，大脑反而更加活跃。脑电图技术可以记录大脑的电活动，于 20 世纪 20 年代发明。尽管如此，直到 50 年代，科学家才用这种技术证明睡眠不是一种完全均匀同质的现象，而是循着一个精确的交替周期顺序展开的。

你躺在床上阅读一本书。这时候穿过你脑中的很有可能是 β 波。然后你摘下眼镜，熄灭灯光：随着节奏的放缓，α 波特征开始凸显。慢慢地疲劳感袭来，θ 波进一步降低体内的节奏，直到最后变为 δ 波，你进入深睡眠。

到此还没有结束。以大约每 90 分钟为一个周期，绝对静止的 δ 波和眼球高速运动的活跃的 θ 波在周期中交替。这就是我们说的**快**

速眼动（REM）睡眠，是我们睡眠中最特殊的一个阶段。最特殊的原因之一就是最鲜活的梦都在这一阶段中产生。大脑保持着完全的活跃性，有点儿像在电影院观影席上的状态。

讨论睡眠就一定会谈到梦，近几年中这个话题更是复杂了很多。首先，科学界并没有达成共识，既不确定做梦的阶段是什么，也不确定梦的作用。从古埃及人认为梦是神祇的信息开始，好像梦就被赋予了潜意识功能（西格蒙德·弗洛伊德认为梦是"通向潜意识的一条大道"）、形而上功能（与超自然和先兆的接触）和超常现象功能（与冥界的沟通）。

我们确切知道的是，除了梦以外，做梦的人彼此之间也是全然不同的。有的人经常能回忆起梦来，有的人却几乎不会。不过在此之后几乎所有人都会忘掉梦境，因为梦境大多都很无聊。大部分的人做梦时看到的是彩色的，但也有人的梦境是黑白的，就好像看过去的电视机一样。有的天生失明的人会做听觉、触觉、嗅觉经验构成的梦，他们的这些感觉要比常人更加灵敏，不过后天失去视觉的人，就算失明时非常年幼也会梦到视觉画面。似乎消极的和焦虑的梦境要比快乐的梦境数量更多。曾经人们相信梦只限于快速眼动睡眠期间产生，而如今我们知道事实并非如此。在非快速眼动睡眠的其他三个阶段里梦也会出现，尽管更加罕见。不过很明显，睡眠与做梦之间肯定存在着某种积极的联系，此外与记忆的巩固和重组也一定相关。

有证据显示，快速眼动睡眠和梦对储存记忆的修复有着非常明星的作用，它们可以将冗余的或非必要的突触清理掉，以便储存重要信息并删除无用信息。

在人类文化中，睡眠的范围也有差异。一个非常恰当的例子就是"居眠"（inemuri），是日本人用来称呼挤占工作时间小睡的一个词，既是为了稍做休整，也是为了让领导看到自己努力工作已到了极限。但在欧洲或是美国的任何一个办公室里，类似的行为将会遭人嫌恶，而在日本却是个加分项。不过西班牙也有神话般的"siesta"（字面义为"午睡"），人们认为白天中的一个短期睡眠是非常有好处的。于是，有人设立了称作"power nap"（意为可以带来力量的小睡）的基础科学理论，这种小睡的关键在于时间要短（10 ~ 20 分钟），避免陷入深睡眠。

人们常说达·芬奇、艾萨克·牛顿和尼古拉·特斯拉（Nikola Tesla）都只睡很少的觉，而且会用小睡和一般意义上的睡眠来当作培养自身创造性的来源。德米特里·门捷列夫（Dmitri Mendeleev）就是在实验室椅子上睡觉时创造出元素周期表的结构和排布的。

没有人想回到那个没有电灯照明的世界了，这项发明让我们获得了丰富的夜间神经元体验。不过我们大脑的生物性并没有改变，所以夜间最适合的活动，还是去睡觉。

实用建议请参考建议章节（P89）。

5.3.3 体育锻炼

我们都懂得"有好的身体才能有健全的精神"（拉丁语"mens sana in corpore sano"）这一道理。尤维纳利斯（Juvenal）在《讽刺诗》中提到的这句话非常经典，已经成为意大利语中的一句谚语。因为很明显只有当身体有良好状态时思维才能健康。

可惜的是，研究学者认为这位公元 1 世纪的拉丁诗人想要表达的完全是另外一个意思。原文"orandum est ut sit mens sana in corpore sano"字面意思为"要向神明祈求，健康的思维生在健康的身体中"，诗人想要表达的是，我们只应该追求思维健康和身体健康，避免因为财富、荣誉等尘世之事而寻求神祇庇护。

有趣的是这句谚语如今已经无法改变，历史上分别有人认为它表达的是思维的重要性、身体的重要性或此二者之间紧密的关联。这么多年过去之后，最后这一种解释成了最佳选项，虽然不太符合诗歌的原文，但的确反映了民众的直觉。

如果说为了建立一个习惯于学习和记忆（"健全思维"的最佳表现）的可塑突触结构，真的需要持续的努力（和休整）的话，大脑也要求身体进行适当的锻炼，以获得一系列连锁的生化反应成果。

如今人们已经证明，规律的有氧运动（如跑步、游泳、划艇、骑车、快走、跳舞等）可以为大脑带来一系列短期及长期的益处。

简而言之，有氧运动能够增加心跳速率（以此为大脑补充更多的氧气），并帮助大脑减轻压力（压力肯定不会对大脑有益），刺激有益于身心健康的分子释放，对抵抗抑郁有很大的好处。这些物质就好像一些"毒品"一样，只不过完全合法：β－内啡肽（一种阿片类药物）、苯乙胺（一种兴奋剂）和花生四烯乙醇胺（一种大麻类物质）。尤其是最后这一种，其英文名称"anandamide"来自于梵语的"ananda"，意思是"欢愉"或是"至乐"，可以令人产生欣快感，经常跑步的人就会体会到所谓的"runner's high"（跑步者的愉快感）。所以同样的道理，经常有人在停止规律性跑步之后会感到轻微的不适感。

不过，从长期来看，体育运动会为我们的思维带来最佳的状态。无数的科学文献都支持这一观点，认为持续的有氧运动会为工作记忆、空间记忆和陈述性记忆带来非常积极的效果；还会改善专注力和认知灵活性，也就是我们如今所说的"多任务处理"（multitasking）。

进化的推动作用塑造了智人的身体和思维，体育锻炼为大脑的可塑性、大脑的成长和神经元的生存贡献良多。只要有氧运动时间逐渐延长，就能使大脑的很多不同部位，尤其是前额叶皮层和大脑海马的灰质增厚，这些区域与大脑的执行功能密不可分。正是这些现象拉开了人与人之间的差距。

体育锻炼的母鸡可以产下大脑健康的鸡蛋，至少这一次在科学界没有争论。但谁在先，先有蛋还是先有鸡？

200万年前就有人抛出了这一问题的猜想。那时我们遥远的祖先正在改变生活方式，向狩猎采集模式转变，因此他们需要增加大量的有氧运动，倒不是在健身房的跑步机上，而是在森林中追赶猎物。除了饮食方面的改变以外，体育锻炼也为大脑本身的成长做出了贡献，尤其是对于皮层而言，这种成长逐渐改善了我们的认知功能。

总之，这也是一个身心无论如何都无法割裂的力证。

实用建议请参考建议章节（P89）。

5.4 建议

合适的饮食、睡眠和体育锻炼是你的大脑正常运转的三项基本能源要求。而且还不仅限于能源方面，这三个活动还具备改变大脑健康和认知能力的潜力。

饮食、睡眠、运动方法随着国家和时代的不同而改变。就连科学家自己也经常改主意，但是借助错误和不断的尝试，准确性总在不断提高。这里我们为读者呈现一些在当今时代认为是有效的建议，但在某些情况下这些建议只是一种臆测。

为了能正常地运转，你的大脑需要知道，食物、睡眠和运动会带来内源性的分子（产生于体内）和外源性的分子（产生于体外），这些分子对于大脑机器的发展、供应营养和能源来说十分关键。

饮食	睡眠	体育锻炼
最基本的建议是，给消化系统提供丰富且平衡的饮食，包含很多水果蔬菜和少量的红肉。	最基本的建议是，每晚要保持 8 小时睡眠，不要低于 7 个小时。儿童或是青少年（如果能做到的话）应该睡够 9 个小时。	最基本的建议是，几乎每天都要保证半小时的轻度有氧运动。每周运动总量至少保证在 2 个半小时。
葡萄糖的需求需要通过碳水化合物来补充，比如全麦面包，但要避免甜食，因为甜食中的糖不是大脑机器运转所需的正确糖类。	如果睡眠有困难的话，最好遵循昼夜节律：夜晚避免暴露在太强的灯光下，如果可能的话，每天在同一时间睡觉。	快步走就足够了。不过像跑步、游泳、划艇、骑车、跳舞或是整理花园等重体力工作也能带来不一样的效果。
近几年人们开始重视起脂肪酸的作用。常见于三文鱼和其他冷水鱼体内和亚麻籽中的 ω-3 脂肪酸对很多方面都有益处，包括延缓衰老功能。	如果入睡有困难的话，要避免进食过于丰盛的晚餐，咖啡、酒精和吸烟也都会对睡眠带来不良影响。而黑暗、安静和优质的床垫都能帮助改善。	长远来看，有氧运动有助于抗抑郁，短期来看可以让人感到愉快。运动有助于大脑制造内源性的类似于毒品的分子，包括兴奋剂、阿片类药物和大麻类物质。
要饮水。因为只有充足的水分才可以让大脑正确运行。	中午不超过二十分钟的小睡对认知系统能起到积极效果。	有氧运动可以增加心跳速率，因此可以为大脑提供更充分的氧气。
饮食直接对认知功能、记忆和一般意义上的中枢神经系统正确运转起作用。	睡眠不是一种选择，而是用来巩固记忆、清理大脑毒素的。不能长期忽视睡眠。	体育锻炼有助于改善大脑的可塑性，促进神经元的生长，增强认知功能和记忆功能。
饮食影响睡眠和身体健康。	睡眠能够影响身体和精神的健康。	体育锻炼影响睡眠和精神健康。

其他有助于保持最佳功能的建议：

- 社会交往

- 减少压力

- 冥想

- 不断学习

- 积极的思维模式

操作性能

　　大脑中的大部分功能都是自动的。你无须提醒自己呼吸或维持一定的心跳速率。所有外周感受器都是持续开启的，比如皮肤、双耳等等。情感波动也时刻填充于你的大脑中，一般情况下并不需要你来决定，甚至也没有必要欣赏它。

　　大脑持续与周围环境进行互动，随着年龄的增长而改变对世界、生命的看法，形成自己独一无二的人格特性。这里所说的环境因素当然也包括在意识阈限之下，也就是意识范围以外发生的所有事情。我们将影响大脑反应（包括思想、语言与行动）的无意识机制的总和定义为**"阈下"**（subliminal，来自拉丁语 sub limen，即"界限以下""潜意识"）大脑，用户自身对这些机制毫无察觉。自主行为与自动行为之间的界限十分模糊，因此甚至有人提出论据主张，作为智慧文明标志的**"自由意志"**其实根本不存在。

　　大脑中无数非自愿或半自愿的功能彼此交错、难以厘清。很多哲学困境讨论的主题都是人类以各种方式掌控自己命运的能力，在这里我们暂且不提。不过需要强调的一点是，并不是所有大脑的自动功能都是完全不受你自己掌控的。

比如嗅觉可以变得更为敏锐，香水制造商利用的就是这一点；音乐的鉴赏能力可以通过学习掌握；恐惧可以得到抑制；爱情的比重可以调节；个性可以培养；理解其他人类的能力可以提高。类似的例子还有很多。

6.1 感觉

多种外周感受器让你能够在感知外界环境时分辨出很多细微差别。我们的感觉器官（比如分布面积最大的皮肤）与大脑的特定功能区域相连，并同时向大脑传送数量可观的信息流，即感觉。然后就轮到作为中央器官的大脑对这些信息进行整理并赋予其意义，以此将感觉转化为知觉。

传统上认为感觉只分为视觉、听觉、味觉、嗅觉和触觉，这种说法其实是不准确的。除了这五种感觉以外，我们还能感知身体的摆放方式（**本体感觉**）、平衡状态（**平衡感觉**）、疼痛（**伤害感觉**）、振动（**机械感觉**）以及自身体温（**温度感觉**）。另外还有很多感觉，常常发生在身体内部，比如午饭后的饱腹感，或是相反的饥饿感。所有这些系统在大脑中相互交叠或紧密相连，其复杂性相当惊人。

人类并不享有所有感觉的专利，而且相比其他动物，人的感觉反而显得有些局限。比如一些昆虫能够看到紫外线，蝙蝠和海豚能够使用声呐，蛇对猎物的温热血液十分敏感，鲨鱼能够感受电场，鸟类依靠地磁指航。更何况人体的感受与感知系统还经常出现差错。

不过事实远不止如此。感觉不会向大脑原封不动地传递现实，而是阐释现实。世界上本不存在颜色、声音和香气。真实存在的是光子的电磁辐射，我们的视觉神经元将其翻译为色彩；真实存在的是纵波，纵波压缩空气，由听觉神经元转换为声音；真实存在的是气味分子，和嗅觉神经元相连时产生特殊香气的效果。

在这五种主要感觉及其特性之上，我们还要加上一种感觉（当然不会将其称为"第六感"）：时间的感觉，或称**时间感**。为什么？感受时间是感知世界的一个基础因素，大脑将时空环境中每一秒接收来的混乱信息集合重组为一条连续的时间流，于是我们才有了存在的真实感。

6.1.1 嗅觉

感觉器官中首先要说的是鼻子。嗅觉是一种原始感觉，这种感知配置的进化源头最为久远。最初的单细胞生命形态就已经进化出了"感觉"它所处液体的 pH 值，也就是周围环境中酸碱程度变化的能力，之后的动物物种也保留了类似的装备，而且变得愈加复杂，只是其化学基础一直没有改变。

的确，人类不像狗或是老鼠一样使用自己的鼻子，而且也有很多人都相信嗅觉只能算是一种次要感觉。实际上完全不是这样。与生俱来的用化学方法探测环境的能力，让我们这个物种以及我们以前的全部物种得以在世界上生存。直到今天安装在你大脑中的嗅觉装置仍在帮助你接近怡人的气味，逃离令人厌恶甚至危险的气味。嗅觉与大脑的边缘系统牢牢地联系在一起，因此可以唤起遥远过去的记忆，可以在此刻激起强烈的情感，而且尤其可以在用户完全无意识的阈下水平进行操作，比如嗅觉常常影响人类为了物种延续而挑选配偶时所采取的策略。

嗅觉神经元是神经细胞中最特殊的变化形式之一，它可以证明感觉世界是从鼻子开始的。这一点请你仔细听好。

- 嗅觉神经元拥有将近 450 种不同的感受器，每种感受器都是一把独一无二的锁，而不同的气味分子（即刚出炉的蛋糕或喷香水的女人脖子上散发的挥发性物质）则是一把把钥匙，能够解锁这些电化学信息。咖啡的香气是由近 1000 个不同气味分子组成的，但到达感受器的信息会被大脑在同一时刻组合为一种单一的气味。有的人估算人类鼻子可以分辨的气味多达至少两万种，更有人提出了高得多的数字。

- 嗅觉神经元并不是唯一一种真正"逃出"大脑的神经元。成百万的嗅觉神经元集中在你的鼻腔高处，从位于前额叶皮层之下的嗅球开始延伸。嗅球的功能则是分拣那些来自多种传感器的信息。

- 嗅觉神经元是少数能够再生的神经元。绝大多数情况下，唯一一种人体内不能发生有丝分裂的细胞——神经元会跟随你的生命而出生和凋亡。不过，尽管大脑是被脑膜和脑脊液完好地包裹、保护起来的，但延伸至鼻腔顶壁的神经元却时刻暴露在环境之外，有衰退的危险。进化给出的解决方案非常简洁：让它们能够再生。

- 故事至此还没完。人类的基因组中包含大约 2.5 个条基因，也就是 2.5 万个说明，用于建造功能健全、有思维能力的复杂人体。然后其中有多达 858 个都是专门用于嗅觉神经元"建造"的，占到了整个遗传信息库的 3.5%。不过其中有 468 个都是假基因，也就是远古时期有效而如今被抑制的基因，基因变异将它们编码蛋白质的能力剥夺了。这就解释了为什么尽管人类的嗅觉仍然是非常重要的生存工具，但并没有其他哺乳动物那样灵敏。

- 最后，原始祖先遗留的决定性证据就是，嗅觉是唯一一个不由丘脑传递信息的感觉系统。换句话说，嗅觉信息越过与外界沟通的分拣中心，而分拣中心一旦中断就会造成昏迷。嗅觉不仅是唯一一种在睡眠期间也保持完全活跃状态的感觉，有证据证明嗅觉在完全失去意识的时候也在起作用。

嗅球之所以能够成为边缘系统的补充部分是有原因的：鼻子的中心接收器与杏仁核和海马，也就是与情感和记忆紧密连接着。马赛尔·普鲁斯特（Marcel Proust）的文字中曾经描写过一个文学片段，其中玛德琳蛋糕的香甜味道使童年记忆重新燃起火光（味道在很大程度上都取决于嗅觉）。不过虽然难以置信，但气味对于我们人类来说十分难以用言语来形容。除了品酒师可以用一些深奥又神秘的词语来描述葡萄酒的味道（如"紧涩""短""浓郁"之类）之外，对于其他普通人来说除了"好"和"不好"或是很少的几个普遍的形容词之外，很难再有其他词语了。对此现象的原因有几种猜想，有的从嗅觉系统与语言模块之间的直接连接出发，有的则基于很多语言难以描述。

作为补偿，还有另外一条不会令语言贫乏的直接连接。这就是嗅球和有性繁殖自发模式之间的连接。1959 年，人们发现很多动物和昆虫都能够通过分子的化学方式进行交流，这些化学分子通常是没有气味的，叫作**信息素**。很多脊椎动物甚至拥有另一个被称作犁鼻器的"鼻子"，专门用来感受传来的信息素信号，只是这些信息素通常只围绕着几个主题展开：性、食物、机遇和危险。

那么男人和女人呢？最近的研究分析似乎发现男女之间具有嗅觉二态性，也就是说女性和男性的嗅觉系统之间存在着结构差异，不过除此以外，大量的科学研究至今也并没有找到任何人类信息素存在的证据。在某些研究中，人们还发现了进化遗留下来的犁鼻器的存在，但已经无法使用了。网上售卖的那些价值 8 ～ 150 美元左右的人类信息素小瓶其实只是一些可笑的假货罢了。

出于同样的道理，最近人们也对 70 年代提出的"韦尔斯利效应"（名称来源于马萨诸塞州的同名女子学院）提出了质疑，该理论认为生活中联系紧密的女性之间月经期也会同步，这种同步正是由嗅觉控制的。不过这并不代表气味在人类繁衍中没有一点重要性。体味是由基因、环境、个人卫生和饮食决定的，它在配偶的互相选择中起到了相当显著的作用。

所以我们知道，一切都是从鼻子开始的。

6.1.2 味觉

世界上所有的餐厅，从米其林三星餐厅开始，都要衷心感谢进化的恩赐。你的大脑能够享受到品尝一盘博洛尼亚馄饨的快乐，或是单纯地能够分辨赤霞珠葡萄酒和美乐葡萄酒，并不是因为我们遥远的祖先需要这些小把戏来鼓励自己吃东西，那时候只要有饥饿感就足够了。

味觉的进化原因更实际一些：区分可食用物质和不可食用物质，比如有毒食物或是腐坏的食物。总之，就算我们能够体会到煎鸡蛋上面非常适合撒上一些松露，也只是出于平庸的生存需要。

舌头上长着上千个舌乳头。每个舌乳头（除了丝状乳头以外）都包含上百个味蕾，而每个味蕾上面有 50 ～ 100 个味觉受体。不要去想舌头上有专门区域去辨识甜味或咸味的那种陈旧、顽固的观念。那只是个谣言，每个味觉受体都能够感受到甜味、咸味、苦味、酸味和鲜味[1]，这些受体分布在整个会厌的表面。不过这五种味道只是整个巨

1　鲜味的概念对东方人的大脑来说更加熟悉，这里饮食中的谷氨酸钠，也就是味精的使用非常广泛。

大味觉感受调色板中的一小部分。

如果说嗅觉就是为了感受气味的，那么为了感受味道只有味觉的话还是不够的。味道是舌头上感受器接收到的信息和鼻子上更加复杂的感受器接收到的信息的复合产物，就像很多情况那样，你的大脑在实时进行计算。重感冒有权剥夺你对桌上美食的热情，这也并非出于偶然。

至此还未完。你的大脑在你咀嚼一盘意大利面的时候感受到的东西包括味觉系统和嗅觉系统信息的叠加，此外还有来自区分食物口感的力学感受器、探测温度的温度感受器以及觉察辣味的黏膜的信息。所有这些都在大脑中重新构建，就好像是同一种感觉。这种机制也表明了大脑网络的力量，展现了其有用的复杂性——既对种族的生存有用，也对你的好胃口有用。

6.1.3 视觉

就在此时此刻，数十亿的光子正在你的周围疯狂地传播着，但其中只有少数几万个可以从这页白纸传到你的视网膜上。有超过1亿个感光细胞（有趣的是它们生长在眼睛的深处，而非靠前的位置）可以将光信号转换成电信号，将光的色彩语言转化成更容易为大脑接受的语言，有点儿像是数码照相机的光学感受器。其实视网膜上只有一小部分——视网膜**中央凹**能够聚焦在"瞬间"这个词语上，借助的是数量很少但高度特化的感光细胞，这些感光细胞通过多次快速又无法察觉的眼球运动将文字收入视野之内。

电脉冲通过**视交叉**进行传送。视交叉是一种交互通道，通路方向正相反：左眼的部分信息传向右脑，反之同理。此后，信号经由丘脑到达枕叶，"激活"被称作**初级视觉皮层**的区域。其他视网膜区域也是可以给大脑提供必要的信息，但通常是失焦的或者分辨率极低的，其信息主要用于分析一幅完全图像在运动中的实时感知。但不可思议之处在于，从文字语言到视觉皮层，信息只用了 40 毫秒，也就是 1 秒钟的二十五分之一。

查尔斯·达尔文本人就亲自提到过眼睛在自然选择之下的惊人进化："看起来就是一个极其荒谬的事情。"他在《物种起源》一书中阐述了眼睛演化至此的原因。这种奇迹在每一道光学机制中都能体现，从角膜开始（实际上是一个透镜，将倒像传给视网膜），以涉及一大部分大脑皮层的思维机制结束。穿过两个二维视网膜的光映射到你的大脑上成为三维的全景画面。难以置信吧？

人类的每一个视网膜上都有大约 600 万个视锥细胞和大约 1.2 亿个视杆细胞，可以将光翻译，或者说转译成电脉冲。作为高分辨率视觉区域的中央凹上只有视锥细胞，无数的视杆细胞则分布在剩下的视网膜区域上。视锥细胞可以分辨色彩，而且需要大量的光子才能激活，而视杆细胞则几乎是不能感知颜色的，但只需要少量的光子，这就是为什么在半黑暗的环境下我们感知色彩的能力会减弱甚至完全丧失。

视锥感光细胞能够利用电视机的原理制造出色彩魔术，这种技术叫作 RGB（红色 red，绿色 green 和蓝色 blue），可以通过这三原色的不同配比组合重构出上百万种色彩。即使大脑不会精准地像显示器一样使用红色、绿色和蓝色，它也会借助三种视锥细胞来构建不同颜色，每种视锥细胞负责捕捉不同波段的可见电磁频谱。想一想如果颜色本身其实都是大脑产物的话，让你能够享受落日美景或者凡·高画作的这个现象就显得更加神奇了。我们常说"美出自欣赏它的眼睛"，不仅如此，就连颜色也是这样。

所以，可见光是光子的产物，它们的频率大约在 430 ～ 750 太赫

兹（THz）之间，或者说根据颜色的不同，它们每秒震荡 430 ～ 750
万亿次。当日光照射在番茄上时，番茄果皮上的化学物质能够吸收很
大一部分的辐射，但不能吸收频率在 500THz 左右的波段，所以这一
部分的光会被反射回来。这样，在你的视网膜上，视锥细胞就会被激
活，上面的一种叫作视蛋白的蛋白质能够对这一频率作出应答，在大
脑内制造出红色的感觉。西葫芦反射的波段在 550THz 左右，蓝莓则
在 650THz 左右，这两种光可以激活另外两种视锥细胞，分别拥有各
自的视蛋白。所以柠檬的黄色在你的大脑中是由处于绿色和红色之间
的频率制造的，它以不同的程度共同激活两种相应的视锥细胞。一杯
牛奶呈现出白色，是在以同等程度激活所有种类的视锥细胞。

　　如果不巧你色盲（一种基因缺陷，最常见的是不能区分绿、黄、
红的色谱），那是因为你缺少三种视锥细胞中的其中一种。在自然界，
很多动物，尤其是多种鸟类和昆虫都能够感受到紫外光，因为它们拥
有第四种视锥细胞，可以捕捉比紫光的振动频率还要高的那些光子。
在它们的眼中，任何一朵花与你看到的画面都完全不同。

　　科技从大脑那里汲取的灵感不只有 RGB。曾经很长一段时间人
们都相信人类的视觉系统可以接受一串陆续的画面，就像电影摄像机
一样，每秒录制 25 幅或更多画面，这样在电影院我们感觉到的就是
连续的画面流（是的，好莱坞创建的华丽王国都是视觉幻影）。不过
后来人们发现，大脑也有自己独特的技巧，可以将每毫秒从各个感受
器官传来的巨量数据流合理化：视觉皮层能够修剪掉冗余重复的信
息，保存能量，只将有差异的画面传送出去。差不多就像视频数据压
缩的原理一样，可以以此来降低数据的比特值——构成数字世界的原
子——然后顺着互联网的脉络传递出去。视觉系统必须尽可能地利用
可用资源，但也引发了这样一个不可避免的问题：此刻抵达你视网膜

上的光子可以传递非常多的信息，而其中有很多都无法实际到达你的枕叶。

哎，是的，你的视觉系统制造的惊世奇迹其实充满缺陷、不连贯甚至有冗余，它们是进化这一蜿蜒曲折旅程的展现。先不说那些最出名的缺陷，比如近视和远视。中央凹非常小，只能接收视野中最多2°左右的画面，大脑还需要解决扫视的问题，也就是眼球急剧的、经常性的运动，这样才能将想要看到的东西取景下来。视网膜上视神经连接的那个点并不具备感光细胞，所以那个点就成了一个**盲点**，在这里眼睛不起作用，然而大脑却能够在潜意识层面重构出非焦点的视觉画面。之前我们提到过，三维画面其实是视觉的幻象，颜色并非客观而是非常主观的东西，这样想来眼睛真的似乎是"一个极其荒谬的事情"，就像达尔文所说的那样。

"神经视觉"信息首先穿越视觉皮层上的层级系统，依次识别出画面的边缘、颜色、运动和空间位置，然后到达顶叶，用来计算空间数据，最后到达颞叶用来识别物体并进行更重要的识别重复模式（英语中的 pattern）。你的大脑有着很强的模式识别倾向。这一单元在几百万年前就已经预先安装好了，如今成了维系社会关系所需的必不可少的功能：识别面部。

你的大脑可以从不同层面上识别面部，比如在云彩里、月亮上、脏兮兮的墙面上甚至是水洼里。你在大街上遇到的每一张面孔都会经过这一自动模块进行几毫秒的扫描，然后识别这张面孔是认识/不认识、相似/不相似、女人/男人、美/丑，当然应该还有很多。模式识别不仅涉及视觉，在某些罕见的情况下也会易引起消极的、连续的，甚至痉挛扭曲的体验。这种现象称作**幻想性错觉**（apophonia），患者能够识别出本不存在的模式：有的人能够从彩票数字中看到人像，有人能在墙上的污渍中看到宗教人物，甚至有人能从算命先生的算卦中看到面孔。根据一些研究人员的分析，比如《信仰者》（*Homo credens*）一书的作者迈克尔·舍默（Micheal Shermer）就认为，这一自动模块是帮助我们建立信仰信念的方式之一，甚至建立在一些我们认为极不可能的事情之上。

我们经常说："眼见为实。"只不过我们的大脑也相信看不到的东西，而且大脑看到的很大一部分都是神奇的幻影。

6.1.4 听觉

这是什么声音？声音从哪儿来？听觉最远古的进化起源就是为了更快地回答这两个问题。此二者与生存紧密相关。附近有危险吗？危险具体在哪儿？

听觉最早起源于几百万年前的早期两栖动物，长久以来帮助动物捕食猎物并保护它们自身不会成为别人的猎物。这种感觉建立在一种既宏伟又微缩的生物结构之上（现代人的耳朵有几十个组成部分，上千个部位同步工作），而听力也为现代智人的一项精细能力——语言功能的飞跃进化，贡献良多。而且或许早在更久以前，听觉就已经在孕育你独特大脑能力中最神秘的那一项——音乐以及欣赏音乐的愉快感了。

声音是通过空气传播的一种波。如果一个场景设定在外太空的科幻电影中，导演让观众听得到各种杂音的话，你就会知道这根本就是在开玩笑：因为没有空气就没有声音。声波在空气中传播的速度为大约是 1224 千米每小时，它会使**毛细胞**，也就是听觉系统中的感受器振动。毛细胞位于柯蒂氏器的内部（柯蒂是 19 世纪发现这一器官的意大利解剖学家），是内耳的一部分，固定在**基底膜**上，在一定程度上可以像乐器的琴弦一样共振。的确，整个听觉机制都很像乐器。

乐队在进行调音时弹奏的决定性的"la"频率是 440 赫兹，也就是一个特定的区域每秒钟振动 440 次。如果我们弹奏第一个八度的"la"，也就是 220 赫兹，一个更低的区域就会更慢地振动。大脑的听觉皮层位于两个颞叶中，稍高于双耳，它可以根据这些信息来重构声波的频率、速度和振幅，甚至连声音发出的方向都能够识别。换句话说，从灌木丛后面传来的虎啸声，到弗兰克·辛纳特拉的爱情歌曲都是这样被感知的。

神经科学的众多谜团之一就是音乐。为什么一首动人的歌曲会触发多巴胺的释放，令人类可以享受听音乐的愉快感？为什么弦乐四重奏有助于降低压力激素——皮质醇的水平，并提高作为抗体的免疫球蛋白的水平？毕竟音乐和自然选择之间似乎并没有紧密的进化论联系。

很长时间以来，人们一直认为音乐为大脑带来愉快感是因为负责很多其他功能的神经元区域被共同激活。2015 年，麻省理工学院的研究员找到了听觉皮层中专门对音乐而不对其他声音进行应答的区域。不过另一项在芬兰于韦斯屈莱大学进行的实验同样使用了 fMRI 技术，却发现音乐能够激活的大脑区域远不止颞叶。节奏是音乐的三个基本要素之一，与大脑的运动区域相关，展现出了音乐和舞蹈之间极为强烈的联系。旋律作为连续的频率有着非常精确的数量、音调和时间间距，它和周围系统相关，因此与情感中心有联系。和声（其实芬兰研究团队具体讲的是"音色"）似乎是和**缺省模式网络**（default mode network）连接在一起的，这是一系列在明显的休息阶段才会启动的大脑区域，也能够决定发散性思维以及普遍意义上的创造性。

科学证实了音乐是一种普遍适用的神经体验，无差别地与所有人类文明都有联系。此外，也有证据显示从事音乐活动对人体有利。音乐家的胼胝体要比非音乐家的胼胝体更加发达，负责运动控制、听觉和空间协调的区域也是这样。参与集体音乐演奏，和其他音乐家与歌手协调节奏需要释放催产素，也就是所谓的亲密激素。这大概是因为我们遥远的祖先会在争斗或走上狩猎战场之前唱仪式性歌曲的缘故，这样催产素就可以推动集体感，给予他们一种竞争优势。在我们的时代也是如此，经常参加合唱活动的人也证实了：经常和他人一起歌唱更有利于身心健康。

不过，说起竞争优势，人类的听力和对听觉进行解码的皮层也引出了另外一项优势——语言理解。这或许是智人与其他种类的动物相区分的最大特征了。不仅是韦尼克区（专门负责语言理解）和布洛卡区（语言输出），就连其他的神经节和神经通路也参与到了将声波转化为具备语义、关联性和语法类别的语言的过程。以特定顺序排列而成的词语甚至能够触发或完全激起负责情感的周围系统。

无须赘言即时沟通对人类和人类文明进化所带来的强烈影响了。就算听觉不存在，人类也需要将它开发出来。

6.1.5 触觉

我们每次在列举五种主要感觉的时候都会在最后才数到触觉。我们称之为触觉，不过说实话这个定义过于狭窄了。**躯体感觉系统**是一个更加直白也更加恰当的名词，它能传递给大脑大量性质各不相同的信息，这些信息来自身体的各个角落。我们的身体在真正意义上被各种负责不同方面的感受器所包围着。

触觉受体的确存在，但也存在感受压力、疼痛、温度、振动和平衡感的受体，它们都能够从皮肤、肌肉、骨骼、内脏器官甚至是心血管系统将信号传送给大脑。现在，请你试着猜测一下：唯一一个不具备这些感受性质的身体部位在哪里？哪个独特的器官就算被大头针刺穿也不会将任何痛觉信息传递给你的大脑？你猜对了，这就是大脑本身，它并不具有感受疼痛的伤害感受器。[1]

这样的机制妙极了，妙在其复杂性。这个机制是周围神经系统的补充部分，在其中工作的是**感觉神经元**，或称传入神经元，其胞体在脊髓中，一根轴突将胞体与专门的感受器（我们讨论的是痛觉）连接，能够将大头针扎在膝盖上转化为一种可以为神经元解读的电化学语言。在另外两个像田径接力运动员的神经元帮助下，这个信号以极快的速度穿过脊髓，到达延髓，然后到达丘脑这个分拣中心，最后来到两个对侧顶叶的体感皮层，和另外上百万的信号混在一起进行最终的加工。

初级躯体感觉皮层分为四个区域，每个区域的分工各异。它根据一幅精确的身体地图来接收信息，而且就像其他情况一样，方向是颠倒的：右脚对应着左侧顶叶上一个精确的点，左手对应的点则正好落在大脑右半球上。感受器尤其会集中在身体最敏感的部位上，比如手指肚、嘴唇和舌头，所以初级躯体感觉皮层上面身体部位对应的空间是不合比例的。

这一发现已经经历一个世纪之久了。20世纪20年代，加拿大的神经外科医师怀尔德·彭菲尔德（Wilder Penfield）在为数百人做大脑手术时，靠局部麻醉开颅。他看到大头针并不能使大脑感到疼痛，利用这些机会，他完成了许多科研目的。他开始将电极植入那些超级耐心的患者的大脑灰质中，以便观察产生的效果。这样，他发现在颞

---

1 所以头痛是怎么回事呢？那是因为头骨上还有其他具有痛觉感受器的组织，比如分布于头皮的神经或脑膜，也就是包裹着大脑维持脑脊液的膜。

叶上施加电刺激会引发对过去记忆的回忆，此外还发现，顶叶也参与了这张身体地图的构成，细节完整不过比例失调。

我们可以想象一个人形生物，拥有巨大的手掌和脚掌，还有大大的舌头和臃肿的嘴唇——这就是身体相关部位在大脑皮层的投射。这一形象被取名为"脑皮层小人"（cortical homunculus），你只需在网上简单搜索一下就能找到当年彭菲尔德的助手是如何用二维表现它的。其实甚至还有一个三维的模型，你会发现留给性器官的空间其实非常有限，尽管这个区域相当敏感。因此，彭菲尔德（因绘制了脑皮层小人而被大家所熟知）大概也是那个时代"假正经"风气的受害者。

6.1.6 时间

和微波炉一类的机器不同，大脑并不具备会稳定读秒的内置钟表。但这并不意味着作为第四维度的时间在我们漆黑的头颅内就毫无重要性。事实正好相反。

时间是感觉和知觉系统的一个重要构成部分，因为时间掌握着自我意识基础体验的"连续性"：每位用户都能很清楚地意识到自己总是同一个人，一个小时前、现在或是一个小时后都是如此。这就是为什么尽管大脑并不具备一个独立器官可以专门记录流逝的时间，但也同样能够在主要感官中将时间融入：因为时间给予我们人类生活的感觉。

大脑其实具备很多可以揭示时间的元件，不过和电脑的时钟不同，大脑显示的时间并不是绝对时间，而是具有相对性。换句话说，全都取决于经历时间的个人。通常认为，时间感由一个分布广泛的系统控制着，这个系统包括了皮层、小脑和纹状体，以及从五种主要感觉传来的不间断的信息。

对于小朋友来说，日、月、年会显得流逝十分缓慢，然而在年龄日趋成熟的过程中，日、月、年却逐渐变得飞逝起来。这一现象的原因尽管目前仍在争议之中，不过通常会被解释为冲刷大脑的信息量随年龄不同而不同。一个孩童的大脑总在持续经历着新鲜的体验，而对于成年人的大脑而言，经验大多是重复性的，从突触的角度看重复经验并不值得特别的注意。就是这样独特的"代沟"造成了对可用时间不同的判断，有时甚至会闹出糟糕的笑话：年轻的时候我们认为时间流逝缓慢，未来的生命显得长得很；到了成年之后我们就会发现，日月流逝快如飞梭。

这只是你的时间体验感中的千万幻觉之一。就个人经验而言，你已经很清楚，在做有趣或是令人愉快的事情时，时间如白驹过隙。相反，如果这件事令人厌烦、提不起兴趣，每一分钟对你来说都像是煎熬。

大量的心理学实验都证实了我们对时间的不精确体验拥有一种规律性：人们倾向于将近期事件记成非常遥远的事情，但在评价遥远过去时候的事情时又反而觉得比实际的更近。此外还有一些更宏观的效应：在交通事故或任何一种危险情况发生的瞬间，时间似乎会放慢。

推动神经科学家大卫·伊格曼（David Eagleman，八岁的时候曾被屋顶砸中）仔细研究这一现象的原因正是他自身的直接经验。根据他的结论，时间的放慢效应只是和事故的记忆相关的一种感觉，因为在那种环境下，记忆都会被"更致密地打包在一起"，所以再次体验动作时也会像慢放镜头一样。总而言之，时间在危险条件下显得延缓只是一种错觉，有着强烈的进化意义，因为我们遥远的祖先遇到危险的情况就像我们刷牙的次数一样多。

时间的感知受到大脑年龄、周围环境、活跃的神经递质和很大范围的心理因素影响。不过日光也是因素之一。其实你还是拥有一种大脑时钟的，这种时钟并不按分钟，甚至也不按小时计时，但它可以根据黎明到黄昏的流动来记录天数。维持昼夜节律的时钟位于下丘脑的一个神经节中，这里管控着 24 小时跨度中大脑的持续变化。光线是这个系统的主要开关，能够开启或关闭那些为整个机体赋予节奏的基因。

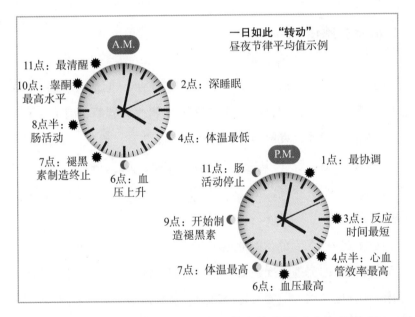

一日如此"转动"
昼夜节律平均值示例

A.M.

11点：最清醒
10点：睾酮最高水平
8点半：肠活动
7点：褪黑素制造终止
6点：血压上升

2点：深睡眠
4点：体温最低

P.M.

11点：肠活动停止
9点：开始制造褪黑素
7点：体温最高
6点：血压最高

1点：最协调
3点：反应时间最短
4点半：心血管效率最高

昼夜节律的近似模型控制睡眠和激素的分泌（也包括体温），是决定大脑机器正确运转的重要环节之一。电灯泡的发明根本性地影响了睡眠机制，一个半世纪之后，人类的睡眠开始倾向于比生理需求的稍少一些，有时会带来连锁的消极影响。昼夜系统的功能异常与很多种抑郁症和其他病症直接相关。一个直观的例子就是洲际飞行之后的时差反应，从中我们可以感受到瞒着下丘脑调时差的话会发生什么。

显然，在这方面个人与个人之间也是千差万别。每个大脑都属于一个特定的类型，有着不同睡眠时段倾向。在两个极端情况中，有人在日落时进入睡眠，也有人在黎明迫近时才入睡。

时间以一种很容易被误解的方式被我们感知，却并不利用某种专门用来感知时间的器官，它为我们人类的生活增添了第四维度，由值得回忆的过去、正在经历的当下和需要计划的未来混合而成。时间让我们生活于其中，所以尽管大脑并没有时钟，却在深处对其了如指掌。

6.2 情感、感情

抛弃，亲近，友情，钦佩，爱，痛苦，内疚，同情，奉献。尊严，绝望，异议，热情，愤怒，幸福，信任。沮丧，嫉妒，满足，偏见，愤慨，冷漠，烦躁，哀悼，忧郁，惊喜。厌男症，厌世，厌女症，无聊，怀旧，仇恨，荣誉，骄傲。恐惧，忏悔，宽恕，怜悯，抵触，感激，悔恨，怨恨，报复。不信任，团结，孤独，自尊，悲伤，复仇，羞耻。

这里提到了五十个，但情感还有许许多多种。我们很难描绘出一个情感和感情的完整渐变色盘，因为它们经常重叠，甚至使用同一个词语。此外也是因为随着文化的改变，这些词语的定义和微妙含义也会稍有不同。在丹麦语中，hygge 的意思是一种令人愉快的舒适感，只有在家和朋友待在壁炉前的温暖中才能体会到。更不用说德语中的 schadenfreude，意味着另一种完全不同的愉快感，这种感情会交织在可恨之人所遭遇的不幸中（幸灾乐祸）。在墨西哥，pena ajena 指的是在别人丢脸时感受到的尴尬。

这些词语在意大利语和很多其他语言中都不存在。不过可以肯定，hygge，schadenfreude 和 pena ajena 就像爱与恨一样，只有当大脑亲历的时候才会存在。另外一个重要的细节是，这些情感经常是（甚至总是）产生于大脑之外的事件，而且不受大脑控制。

这种部分的，但又是本质的情感控制缺陷可以从进化安排大脑连接的方式中找到原因：有多得多的神经元通路都是由边缘系统（情感）通向大脑皮层（理智）的，而不是相反方向。

要想知道情感运作原理的一个概况，在这里我只向你推荐三种情感的分析，不过这三种情感非常恰当地代表了情感运作机制以及大脑的进化：恐惧（一种历史悠久的情感，更是生存必须的策略性情感）、爱情（对于哺乳动物来说非常有用，用于繁殖和抚育后代）以及快乐（人类的快乐让世界转动）。

6.2.1 恐惧

恐惧在几百万年前就已经出现了，原因非常清楚：在危险的情况下保命。恐惧是大脑功能性的补充部分，保证其服务的可靠性，可以自动运行而且速度极快。

让我们举个例子。你正走在森林里，体会到一种来自感官信息的可以意识到的快乐：风的细语和鸟的婉转鸣叫，树叶在阳光照射下的色彩，清新的空气和森林中的清香。然后，你的视网膜上映出了一个危险的长条形的轮廓，驻留在土地上。这个信息先到达丘脑，然后丘脑立即将其传送给杏仁核，也就是恐惧的控制中心。尽管接收到的数据仍然十分模糊，杏仁核也会传令给脑干令其立即阻断身体的一切运动（以便身体不会向危险靠近），并命令面部肌肉张开嘴、瞪大双眼（以便将危险告知其他人）、命令下丘脑下达制造肾上腺素的指令，以加快心跳、血压和呼吸（即所谓的"战斗或逃跑反射"）。不过最精彩的是，这个过程只持续了400毫秒，比半秒钟还短，换句话说，你的大脑在这之后很久才真正会意识到两米之外有一条毒蛇。

这种百万年前的古老机制被亿万次地成功应用。根据心理学的理论，恐惧是极少数天生的情感之一，因其显而易见的实用性在整个进化历程中被完好地保存至今，保证了个体和物种的生存。不过我们也能看到，恐惧并不出现于危险发生之时，而是出自对危险的预测。

回到刚才的森林场景。丘脑以最紧急的速度将信息传给杏仁核之后，又将其发送给视觉皮层，视觉皮层处理这些信息然后以更平和的速度传回给杏仁核。一次假警报：这并不是一条蟒蛇，而只是一根形状像蛇的弯曲树枝。颜色和形状足够引起警报。大约 1 秒钟之后，杏仁核发出信号解除危险和其他所有反应，包括心跳也会快速恢复到之前的速度（当确认了毒蛇存在的消息时，则会增强"战斗或逃跑"的化学信号）。

然而一切还没有结束。杏仁核将事件也报告给海马和前额叶皮层，这里负责认知和学习过程，可以形成对其他危险情况很有帮助的记忆。这样的危险情况可能是祖先对于毒蛇的恐惧，也可能单纯地是一辆没给人行道让路的汽车。

大脑皮层负责区分对毒蛇的理智恐惧和对树枝的非理智恐惧。非理智恐惧如果成病态了就有了另外一种叫法：恐惧症。网络上可以找到世界上所有恐惧症的无限列表：幽闭恐惧症（对封闭空间的恐惧），演讲恐惧症（对于公共场合发言的恐惧）和蜘蛛恐惧症（恐惧蜘蛛）是众所周知的。不过也有洗澡恐惧症（害怕洗澡），吸血鬼恐惧症（害怕吸血鬼），医院恐惧症（惧怕医院），森林恐惧症（害怕树林，有没有游移的爬行动物都害怕）。还有很多其他古怪的恐惧症。

恐惧是一种植入式的机制，帮助我们从数百万年前生存至今。很有可能恐惧也曾拯救过你，随时提醒我们要提防周围的正是我们关于恐惧的记忆，比如我们在过马路的时候。

加文·德·贝克尔（Gavin de Becker）在其作品《恐惧给你的礼物》（*The Gift of Fear*）中写道："预防措施是有积极意义的，但保持一种恐惧状态是具有破坏性的。"具有破坏性是因为："恐惧会带来惊慌，惊慌会带来比已知风险更加危险的效果。经常进行长距离游泳的人都知道，最终危害生命的不是水，而是惊恐。"恐惧是对危险的预测，惊慌则是恐惧绕着自身乱转，以加强那种预测。有时知道这一点可能很有用，比如当我们在任何一个不平静的海上游泳时——不一定只是在穿越英吉利海峡或是墨西拿海峡时才有用。

但是，长期的恐惧状态则会以另外一些方式呈现出破坏性。压力（这一概念和词语在 1930 年的时候产生，在世界上很多语言中的叫法都一样）和恐惧机制紧密相关，不过反应却比看到毒蛇时候的瞬间恐惧更加平和。然而，"战斗或逃跑"，对反射系统的长期刺激会带来皮质醇的过度分泌，进而影响健康和免疫系统。

恐惧在每个大脑中都是标准安装的，这一点可以从少数杏仁核受损或萎缩的个例中得到印证，他们完全不能体会到从害怕到恐惧这一范围内的情感。对某些人来说，恐惧的过度状态甚至需要药物和心理治疗进行干预。对于大多数人来说，恐惧可以带来想要得到的化学效应，比如恐怖片爱好者或是悬崖过山车爱好者。不过对于所有大脑而言，练习识别真正的危险、过滤虚假的警报十分有必要。因为太多的恐惧会造成伤害。

就像富兰克林·德拉诺·罗斯福（Franklin Delano Roosevelt）在1933 年正值大萧条期间出于其他目的说的那样："唯一能让我们恐惧的就只有恐惧本身。"

6.2.2 爱情

"亲爱的，我从下丘脑的深处爱着你。"一位生物学家这样说。结果对方也清楚这其中的规律，反而感觉被冒犯了，再也不见她了。

这可以成为一个微小说，也极其适合发朋友圈。调侃的字里行间却隐藏着一个不争的事实：再怎么用心和爱情来构思，爱情也不在那里。

爱情全部栖居于大脑中，稍微更倚重于边缘系统。这就意味着我们需要修改所有关于"爱在心中"的名言谚语，不过最终，还是必须接受残酷的事实，这一时刻总会到来：就连爱情也是完完全全的神经元体验。

有人为了爱情杀人，还有人为爱而死。陷入爱情的体验会对大脑制造出和饥饿、口渴同等强度的刺激。所有这些都是由大脑相关区域的多种化学物质混合物带来的。

整个过程不可避免地从性吸引开始。睾酮和雌激素，也就是男性和女性激素具有鼓励或打消结识彼此的功效。不过除此以外还有一整个系统在工作，那就是阿片受体组织，这是分布在大脑无数区域内的一个"门锁"网络，吗啡（以及你身体自动生产的内源性阿片类药物）可以解锁这些关卡，因此起效。实验中，一组男性的大脑被施用了阻断阿片受体的物质，这些男性在看到美丽女性面孔的照片时引发的神经元反应要比正常大脑平静得多。总之，为了能够更接近对方，交往必须要通过激素和内啡肽的测试。此外，与之相关的还有嗅觉，这种初级感官在两性关系中拥有非常强烈的影响力。根据罗格斯大学科学家、约会网站 Match.com 顾问海伦·费舍尔（Helen Fisher）收集的数据，上述近距离交往中将近三分之一都发展出了浪漫爱情故事。

也就是说，现在可以上升到第二阶段了。

费舍尔领导的团队通过功能核磁共振成像（fMRI）技术"观察"了一组恋爱中的大脑，他们认为大脑的腹侧被盖区——多巴胺的圣地——在人充满激情的时候会格外活跃。多巴胺可以制造出那种渴望和激动的感觉，这二者是第二阶段典型的表现，此外还有一种"钉钉子"的效果。

压力激素皮质醇的水平上升，以便应对新生爱情的新鲜感，同时带来焦虑和血清素供应量的下降。血清素的缺乏与强迫症状相关，这就解释了为什么恋爱中的大脑除了它爱的那个大脑之外什么都不能思考，甚至会让人犯出非常低级错误。剩下的就没什么可做的了：当两个大脑的视觉系统交会的时候，也就是当相爱的两个人彼此凝望的时候，肾上腺素和去甲肾上腺素就已经准备好加速心跳并给予人那种沉醉感，和狠狠吸一口可卡因没什么太大差别。

第三阶段就是在时间中延伸的爱情了，其长度，众所周知，从几年到一生都有可能。这一阶段则是由负责长期关系的抗利尿激素和对人类历史十分重要的激素、神经递质——"亲密分子"催产素进行调节的，所谓的浪漫爱情其实仅仅是智人文明的一个幸福结果。最终目的从未改变：种族繁衍。

从进化的角度讲，为了新生人类的健康成长，父母双全的稳定条件有着高度的优势，虽然这并不是必须的。反过来，喂养、照管、保护婴儿的人如果都缺失就会带来致命的后果，正是为了能够在头颅中发展出一个像你的大脑一样复杂的控制中心，智人需要很长时间的婴儿期和成长期，这不无道理。

这就是为什么不止是性高潮可以促使催产素的释放。母亲在喂奶的过程中也会制造并扩散催产素，促进自己和新生儿之间的双向联系。甚至狗在看着主人的眼睛时也会释放催产素——这种化学性、心理性的亲密分子拥有如此卓越的能力。

不过说到这里，我们很清楚这种征服了全世界，被历史上所有人类文化的艺术和文学赞颂敬仰的情感其实是一种爱情大脑网络制造的产物，是为了自然进化的最终目的而实施的策略，它能够在整个中枢神经系统中占据上风，包括作为理智中心的额叶皮层。世界上至少有十五种语言中都有类似"爱情是盲目的"这样的谚语，难道只是巧合吗？

在超凡的药物帮助下，爱情拥有让奖励系统陷入混乱的必要关键能力，以至于有时候能够产生某种类似药物依赖的感觉。看到爱人时神经递质释放的剂量会导致一种无法戒除的需求，当关系悲惨地中断之后更会带来真正的戒断危机。

随着时间的流逝，通常是短短几年之内，血清素就会回到正常水平，压力渐趋平缓，"强迫性"的心理也开始消失。不过多巴胺还是会继续散播着它快乐的神经奖励。根据对长期处于恋爱中的大脑的功能核磁共振成像（fMRI）显示，催产素可以连续几十年保持着高水平，只要你还记得如何制造它。

说到这里，对爱情简单粗暴的描述，和上千年来的歌曲、诗歌、挽歌、绘画、小说和电影不同，那些作品全心全意高歌这种世界上最美好、最令人激动的情感，这样直白地描述爱情可能会为你的大脑带来浅浅的不适感。

接受了我们的歉意之后，请你注意，我们这里间接地在进行着一个实验。如果浪漫爱情的概念是一种社会构造，随文化不同而不同，由此产生的激情也会随大脑改变而改变的话[1]，那么那样大量的以此为题材的艺术作品就会让爱情披上神圣的光芒。这就是为什么你的大脑刚才体会到了 GABA 和谷氨酸之间的突触冲突，一种是抑制性的，另一种则是刺激性的，这二者在一起令你产生了刚才那种不适感。

为了能更好地解释这一点，我们可以引用物理学家理查德·费曼（Richard Feynman）的尖刻回答。他的朋友当时反对科学家枯燥地解剖一朵花，认为这种行为破坏了花的审美艺术感。费曼则说："所有科学知识的解读都会为花朵增添激动的情感，增添神秘感和精彩性。所以这是一种锦上添花，并不会抹杀什么。"

爱情本质上就是一种神奇的神经学现象。

6.2.3 幸福

我们都知道 3 月 8 日是国际妇女节。日历上标注着无数的小旗帜标识，代表着联合国为纪念一些显著目标的达成而设立的日期，比如共和日、和平日或核裁军日等。不过很可能你会错过设立在 3 月 20 日这一天的主题——世界幸福日，这是北极地区的最后一个极夜，纪念这一天也是"为了全世界的人们认识到他们在生命中的重要性。"

对幸福的追寻是世界最大的动力来源，也是社会、地理、地理政治不均等的衡量指标。美国 1776 年《独立宣言》中明确提出的事情，在 1948 年的《人权宣言》中竟然只字未提。然而，1972 年不丹国王倡导了以国民幸福总值来替代国内生产总值的计划，衡量一个民族的平均幸福指数迅速进入了科学研究、政治经济和国际权利的视线中。联合国在 2012 年设立了国际幸福日，决议中幸福被定义为"人类的

---

1 爱情带来的感受，以及单纯的关于爱情的概念都会根据使用者大脑模式的不同而有微妙的差异。

基本目标"。

　　幸福是所有精神状态中最令人梦寐以求的一个，对幸福的解读也在很多种语义中没有定论，比如快乐、享受、满足、乐意、愉悦、欣快等等。和所有精神状态一样，幸福也取决于多种化学因素（神经递质）、电因素（脑电波和动作电位）以及构筑因素（每个独立大脑的连接结构）的综合。

　　关于构筑因素，人们观察到左侧前额叶皮层在快乐的感觉中异常活跃，而与之相反，右侧前额叶皮层却和悲伤相关。除了分别掌管整个奖励系统和亲近感情的多巴胺和催产素，很多其他种类的分子都参与了幸福的形成，从最简单的好心情到狂喜状态。比如有花生四烯乙醇胺等的内源性大麻素，这些分子与大麻非常类似，但是由人体生产的，可以影响人们的愉悦与记忆、动作协调与时间感觉。还有内啡肽，与阿片类药物相似，可以去除生理痛苦。还有 GABA，专门负责鼓励神经元不要冒险，对我们保持冷静、对抗焦虑起到积极作用。如果我们也把让人能够冲刺的肾上腺素，和帮助我们自我评估（以及其他很多功能）的血清素也算进来的话，很容易明白我们的大脑实际上是一个物质充足的化学武器库。

　　幸福不可避免地和富有相关联，从统计学上来讲，国家也被强硬地分为了富有和贫穷两极。不仅如此，国家在变得富有时平均幸福感也会增强，在经济衰落的时候幸福感则会下降。不过狗仔新闻和世俗小报都告诉我们，金钱和幸福不总是呈正相关。然而就通常观念而言，傲人的银行账户对幸福感来说真的非常有用。

　　不过我们也知道，幸福是相对的。荷兰的社会学家鲁特·韦诺文（Ruut Veenhoven）建立了世界幸福数据库，收集了与此话题相关的上万份科学研究。已经很富有的人在财富增加的过程中不会感到更幸福。一位加勒比的岛民只拥有一座小木屋和两头猪，但很有可能比一位迫切希望买房、买车，像邻居那样拥有私家花园的中产阶级欧洲人更幸福。心理学中有一个"享乐主义转轮"的概念，其中"转轮"指的是仓鼠笼子里的那种，享乐主义则是哲学中所指的人类每一次行动的终极目的都是享乐。一旦新鲜的刺激耗尽，我们就会寻求下一次。你可能已经明白了，自我满足，或者说欣赏自己和自己所拥有的东西，正是一种欺骗未被满足的大脑的有效方式。

我们说幸福当然和快乐相关，但也和参与（对自己所做之事的热情）、社会关系（从家庭到工作）、归属感（属于一个国家、一个志愿组织、一种宗教）和自我实现（取得的成果）有关。

幸福也通常取决于自然条件（长期的不幸经常是基因特征造成的）和文化因素，但也和生命在连续的因果循环中发生的大事小情相关。良好的感觉很明确地告诉我们："如果你达成了目标你就会变得幸福。"不过无数的研究都表明，如果你感到幸福，你就会达成那些目标。

并非出于偶然，进化在其操作系统之内加入了有利于提升幸福感的半自动化机制。1988 年一项十分有趣的研究可以作为例证。实验中，参与者被要求评估几部卡通片的幽默等级，同时嘴里要叼着一根铅笔。第一组实验人员需要将铅笔竖直放在嘴唇中间（被迫摆出噘嘴的状态），而第二组实验人员则需要将铅笔横放在两排牙齿中（所以必须做出笑脸）。结果呢？是的，你已经猜到了。只是简单的笑容肌肉的收紧就足够让同样的小卡通片变得更加有趣。

如果仅仅用面部肌肉就能改善情绪的话，积极思维的"技巧"又能有怎样的功效呢？认知控制指的是实时地让自己的行为去适应环境的大脑功能，其主要特征之一正是拥有让负面思维远离，从而为积极思维让路的能力。这种能力有的时候会缺失，不过总能通过学习来获得，由此来加入我们抵御不幸状况的系统中。此外，每个大脑都拥有内置的机制来推动享乐主义的轮盘，所以为什么不反方向转动轮盘，以便享受我们已经拥有的东西呢？看起来可能很不可思议的是，总有人比我们还要更加糟糕，而心胸狭窄的我们通过对比可以让多巴胺能系统产生效果。此外，有些研究表明，冥想有助于启动（也有助于长期加强）左侧前额叶皮层，而体育锻炼则会增加内源性大麻素。性活动——尽管对于幸福来说并非必需品，却相当有用——会为我们赠送多巴胺、催产素和各种内啡肽。

最后，如果要列举所有的幸福源泉，还要加上温度因素。因为现实表明，所有寒冷地方的人和炎热的地方的人比起来都感到更幸福……不，这并不是一个恶劣的玩笑。我们可以从 2017 年联合国的《世界幸福报告》中挖掘出这一信息。参加测试的 155 个国家（缺席 40 个国家）中，世界前三名分别为挪威、丹麦和冰岛。最不幸福的三名则是坦桑尼亚、布隆迪共和国和中非共和国。尽管统计数据中并不包含气温因素，而是涵盖了人均国内生产总值、社会援助、预期寿命、人民慷慨程度、腐败观念和选择生活的自由。

鉴于幸福能够对心血管系统、家庭关系、工作和一般意义上的个人存在起到积极作用，我们建议你一定要不断有意识地去寻找幸福。

6.3　意识

意识是世界上最简单的事情了。我们轻而易举地就将其沿袭了下来，意识伴随我们清醒时候的每一分每一秒，而且我们也觉得在睡眠中意识进入待机状态是很自然的，然后一旦有需要就能够及时地将其激活。

意识也是世界上最复杂的东西，因为我们不知道它到底是什么。更糟糕的是，我们甚至都不知道如何去定义它。意识是感知、体验的能力，是主观性，是对自己和环境的知觉，是思想，是自由意志，是思维的控制中心，是全部这些的总和以及其他什么东西。

意识是大脑最神秘的一个特征。它实在太过神秘，甚至在科学家关注它之前就引起神学家和哲学家的注意了。对于意识的真正性质已经有过数个世纪的激烈辩论，尤其是从 17 世纪开始，笛卡儿在那时提出了著名的二元论。从一方面来讲，"我思故我在"，意识不可证伪地存在着。不过从另一方面来讲，意识似乎也并没有物质存在，既不能描述也不能观察，只能通过大脑来体验。因此，就像人们遇到难以解释的事情一样——意识不可能是一种超自然天赋。

意识既无质量又无速度，无法进行测量。但意识与灵魂在概念上的相似性使其蒙上了一层禁忌的面纱。科学家很长时间以来都对深入研究意识保持着敬而远之的态度，也是因为意识无法在实验中进行研究。

迎难而上的是弗朗西斯·克里克（Francis Crick），DNA 双螺旋结构的发现人之一，在他生命的最后几年用科学的方法探究了意识的秘密。他在 78 岁时撰写的《惊人的假说》（*The Astonishing Hypothesis*）一书中用尽了所有的小心谨慎预见到了这个"惊人的假说"："一个个体的思维活动完全是神经元、胶质细胞以及组成它们的原子、离子和分子活动带来的结果。"如今这一说法并不足以惊人了，仔细想一想，对于现代神经科学来说这一说法甚至都不算是"假说"了。身体和思维看似是两个分离的实体，但实际上却是同一个东西。

不过谜团仍未解开。根据澳大利亚哲学家大卫·查默斯（David Chalmers）的看法，对意识的两难困境可以分成"简单问题"（比如大脑如何产生记忆、注意力以及如何反应）和"困难问题"（1.35千克的生物胶质怎么可能变成同等品质的电化学信息）。

不过我们是否确定，制造某种程度的意识真的需要复杂如人脑的一个东西吗？进化角度上与智人十分相近的灵长类动物（黑猩猩、倭黑猩猩、大猩猩和红毛猩猩）也展现出了一定程度的自我意识，这一点已经是被广泛接受的事实了，同样的情况甚至也包括了海豚、大象等哺乳动物。不仅如此，2012年一支精英神经科学家团队签署了《**剑桥宣言**》，该宣言总结道："皮层的缺失似乎并不能阻碍一个有机体拥有情感经验。大量研究都表明，非人类的动物都拥有意识的神经解剖学、神经化学和神经生理学基础，此外还展现出了自愿行为能力。这些证据表明人类并不是制造意识的神经元基础的独有者。"这里"**神经元基础**"一词指的是中枢神经系统中参与某种活动或某一情感的部分。因此，所有哺乳动物甚至是鸟类都拥有意识，尽管程度大有不同。

在科学与哲学界流传的千万种理论中，值得一提的是"整合信息理论"。这一理论于2004年由意大利神经科学家朱里奥·托诺尼（Giulio Tononi）和诺贝尔医学奖得主杰拉尔德·埃德尔曼（Gerald Edelman）提出。理论本身十分复杂，而且实打实地数学化。不过简要来说，就是："意识到测量整合信息能力的物理系统。"总体来说，你的大脑体验是一个来自外界（包括视觉信息、听觉信息和触觉信息）和内部（思想、情感）的信息的融合体，并且这个融合体密不可分。由此，意识的基础很可能就是由多种信息元素整合而成的一个系统：一个生物物种能够整合的信息越多，就拥有越高等级的意识。

我们向你保证，在你大脑安装的操作系统中，已经植入了目前最强大的意识模型，完全有能力为你提供一个"自我"。

6.3.1 自我感知

你的大脑知道自己存在。它知道自己与其他同样存在于四维时空中的东西是分离的。而且它也迫切地需要感到自己的重要性，有时甚至要以混淆现实为代价。

这就是对于意志、自我感知和自我肯定的极度浓缩的概括，这三个概念相互包含，相互交叠。

你一定已经了解何为自我肯定了。自我肯定是一种半自动的程序，会在你的思想里插入此类句子："我很厉害！""在这件事上谁也比不上我。""至少在这方面我很强。"它被引入操作系统是为了对意外之事（对于我们的遥远祖先来说这种情况经常发生）和动力装置支持做出应答。

心理机制需要你的大脑拥有对自我的良好评价。你的大脑居然会相信自我讲述[1]，这听起来可能很有趣，不过事实正是如此，尽管都是在潜意识层面上发生的。可能这正是中枢神经系统对于预见未来的挑战和为自身能力提供一个可靠需求的结果，在这个星球的钢筋混凝土丛林中求生，日常生活中的大小挑战都有必要这样去应对。一项研究显示，自我肯定可以激活灵长类大脑，那里的前额叶皮层中央部分（负责自我感知）和腹侧纹状体（调节动力和奖励）相连。根据另一项研究，额叶皮层上有一个区域，它的激活程度越低，大脑就越是倾向于戴上有色眼镜，认为"我是特别的，我站在人群之上"，然后血清素水平就会上升。

"积极思想"经常被歌曲和大众哲学谈起，它的确会对大脑起到积极影响，因为它会在想象的未来场景中投射一个理想的自我，增强

1　关于这一现象更有趣的一点是，与之相反，自己给自己搔痒却没什么作用。

应对未来的意识。一个"积极的"大脑为它自己预见到幸福、健康和成功，告诉自己拥有超越困难的力量。相反，一个偏向于消极的中枢神经系统会预见到自身的不适应性，变得担忧而压力重重。一些这样的"预见"很难创造奇迹，比如在工作面试中就很难达到理想的效果。

显然我们并不是在使用非黑即白的方式在讨论，而是在观察整个渐变色盘。每个大脑都是独一无二的，同样对于这一问题的选择也会有自己的特征，在面对人类活动的不同领域时，积极和消极所占的比例不一。在这个"色谱"上，最极端的情况是盲目自大（近似于自恋）和严重缺乏自信，以至于普通的日常生活都变成了人间地狱。

无数的心理学研究都证实了人脑倾向于看到最有主观色彩的事物，而非真正的事实：这一点正是自我肯定程序的特殊之处之一，从进化的角度看，自我肯定是为了促进幸福而被安装进去的。确实，从自恋到虚无主义的心理学变化中，能够站在中间位置的大脑，有能力在自身力量和外部困难中寻求一种平衡，以便更好地渡过难关。

自我肯定是一种半自动的程序，因此可以进行修正。对于所有大脑来说都有可能在生命的某一时期陷入抑郁。不过除了已经超过病理学界限的长期抑郁情况以外，我们自身内部力量加上良好的社交就能够创造出辉煌的成就。总有积极的事情可以去想："我被开除了，但我有两个健康的儿女和一个属于自己的家。"这样的思想可能只是一个大脑自我欺骗的平凡例子。不过这相当有用。根据需要，请找到最适合你的模式，并在消极思维每一次袭来时试着用准备好的方式去回应。

说到这里需要提醒一点，自我肯定的平衡很大程度上取决于程序安装的时期，也就是整个童年时期的情况。倒不是说要对年轻的大脑不断重复你真棒、你真特别、你真聪明。自我肯定是建立在感到自己被接受、有能力的基础之上的，而且需要在日常的学习、体育活动或社会生活中感到自己有地位。如果你已经将自己的遗传信息和另一个人融合，或有计划这样做的话，请一定记住正确的自我肯定的程序安装对于一个新人类来说完全掌握在你的手中。

自我肯定是自我感知的重要部分之一，除此之外还有另外一个环节我们能够通过生理感知自己的身体与其他人不一样，但更重要的是潜意识里的自身特有的个体，亦即**自我意识**。在持续数个世纪的哲学探讨后，自我意识成了当下最热门问题的核心：计算机人工智能及其衍生的算法是否能够达到拥有自我意识的程度？这一问题如今仍然是开放的。然而这个问题的困扰之处在于，自我意识位于人类经验的顶峰位置。像我们的智慧大脑一样能够识别出镜中自己的只有黑猩猩、大猩猩、大象和海豚。此外我们是唯一一种有能力通过思维将自己投射到未来某时某地、用话语和行动表象、能够承担责任的动物。

自我是一种实时支持海量信息流的大脑组织，给予我们独一无二性，帮助我们维持心理平衡和个性。当这种独一无二性被破坏或是失效的时候，我们就会表现出病态，悲哀地丧失自我。

佛教经典中有这样的表述："智慧之人不能为八风所动：利、衰、毁、誉、称、讥、苦、乐。"一个坚实的自我感知就是生命的最佳武装，既能应对低谷，也能度过高峰。它是我们自身社会身份的通行证，在同理心的边境出示就能畅通无阻。

6.3.2 同理心

同理心于 6500 万年前开始出现，那时发生了一次行星级别的事件：一颗巨大的陨石撞击了如今的墨西哥尤卡坦半岛，并摧毁了地球上爬行动物的主导地位。人们估计，当时有四分之三的动物都在那次灾难性的事件中被抹杀了，由此也同时宣告了白垩纪的结束和主导物种——恐龙的灭亡。

自那时起，哺乳动物开始扩大繁衍规模。在接下来的4300万年中（古近纪时期），哺乳动物从一种类似老鼠的物种开始分支出不同的遗传谱系，分化为翼手目（蝙蝠）、鲸下目（鲸鱼）、奇蹄目（马）或人属（只有智人存活下来）等。从此以后，卵生的优势地位让位给了胎生。

这完全是以另外一种方式做家长。

卵从刚一闭合的那一刻开始就知道自己照顾自己，爬行动物出生时就已经准备好在环境中移动了。相反，胎生或育儿袋等生育方式中，年幼的子女需要更多的关注、保护、温暖和食物，而且幼儿还需要吸收一些知识，知识量根据物种不同而不同，不过没有哪个物种像智人一样需要上那么长时间的学。这就是边缘系统开始进化的原因了，因为要管理情感信号以应对新的不断产生的社会活动，而社会要求我们去尽可能地理解他人的需求。

心智理论描述的就是这样一种能力，意味着你能够察觉他人的精神状态，如愿望、意向等，这些状态实际存在，且和你自身的状态相区分。要实现这种能力并非易事，因为你不能直接通达另外一个大脑，只能默认另一个大脑也像你的大脑一样充满着同样的思想。比心智理论高一个台阶的是同理心，也就是人类独有的共同感受另一个大脑的能力。或者说是同时处理多个大脑。黑猩猩或许拥有非常基础的心智理论以及某种程度的同理心能力，但它们肯定没办法感受到这种想法："我觉得玛丽亚知道，如果她能和阿尔贝托和好的话我会非常乐意，但我并不想看到她之后把一切都告诉萨拉。"

同理心也和其他现象一样，并不只是紧密地和某一个大脑区域相联系，可以肯定的是，同理心包含非常广泛的情感种类，比如用直觉猜测另一个大脑的思维和情绪，或是在它需要的时候帮助它、支持它的愿望等。在某些情况下我们还能感受到别人和我们相同的情感，就好像在各自的周围系统之间有无线连接似的。还有很多情况中，我们能够仅仅从电视新闻中体察到一个名人的痛苦，尽管我们从未真正见到过他。你的大脑甚至能够在电影院放映厅的黑暗中担忧一个不存在的人物的命运。

同理心是哺乳动物大脑的一种需求，是灵长类动物的杰作，它是物种延续的基础，更是文明产生的必要条件。传递和接收复杂情感信息的能力，以及将自己投射到另一个有生命机体的精神，甚至是生理状态中的能力，都是每个人类大脑具有的半自动化的功能。当然了，也存在着常见的区别。

所有人都拥有一种神经元能力，用内部模式来表现外部真实世界。比如当人们在电视上观看最受欢迎的体育赛事时，精彩的运动竞技所构造的内部模型可以产生愉悦感（这一点也有**镜像神经元**的功劳，它们控制着竞争心理过程）。看电影的时候也是（印第安纳·琼斯在满是蛇的房间中的场景令人胆战心惊），甚至和朋友在酒吧里的时候也能体现（每一段叙述都会衍生出神经元构筑的场景、事实和情况）。特别要提到的是，你的大脑在内部重构现实的时候是在颞叶的前部进行的，也就是说，为了理解别人，你拿自己当模型。这是向着同理心进发的重要一步。

此外，你的大脑不仅可以做到用想象力将自己投射到另外一个地方去，甚至还可以到另一个时间里或是换上另外一个身份。正是这样的能力帮助我们做到了理解另外一个人。

大量研究都证实，同理心在女性型大脑中更为显著，同样表现突出的还有语言、交流和人类关系的倾向性。相反，男性型大脑则对系统、机械、分类等更感兴趣。这样就带来了一个有趣的理论：自闭症可能是男性型大脑的一种极端形态。

被纳入进自闭症谱系（这样说是因为自闭症指的是一系列表现和病情都高度不同的功能障碍症）的人们都或多或少存在对面部表情或句子隐含意义等情感内容的理解困难，有时甚至整个同理心功能都不起作用。精神病理学家西蒙·巴隆－科恩（Simon Baron-Cohen，剑桥大学教授）认为，这种病症的基础是一种超男性化过程，因此只有20% 左右的案例是女性型大脑的患者。只可惜，对于人类社会的一员来说，同理心并不是一种简单的装饰品。

然而对于医生和护士来说同理心也不可低估，出于精准的专业问题，他们必须要找到一种可以调整同理心"量度"的方法。功能核磁共振扫描图像显示，在看到针刺入肉中的场景时，一个外科医生的大脑在突触层面上的平均激活水平要比普通大脑更低。相比起卫生医药专业方面的人们来说，这一现象也有另外的一面，比如一位曾经不能接受杀人想法的年轻士兵，在经过了三个月的战场生涯后就变得不在乎了。

不过人类的历险旅程中也不是只有同理心和合作关系。历史书籍上到处都充斥着同理心的缺失，资源竞争导致的一次又一次的冲突。不过现实还是有些不同的。博弈论是数学家约翰·冯·诺伊曼（John von Neumann）于 1944 年提出的一种描述智慧、理智的"玩家"之间冲突与合作的数学模型。根据博弈论，有一些竞争是零和博弈，也就是必然出现一赢一输，比如网球或是拳击；此外还有一些**非零和博**

弈，即双方都能争取到什么。近五个世纪、十个世纪或二十个世纪
中，社会、科学、医学、艺术、技术、经济甚至是政治进步都是基于
无数小型和大型的同理心大脑之间的零和博弈之上的。持续且呈上升
趋势的思想、发明、科技和决策传播都为文化进化提供了条件，就好
像在生理机体上又添加了假体一样。假若在这最后一种存活在地球上
的人属物种的大脑中没有出现意识的话，那么上述一切文化就都将不
会产生。

俯瞰历史，可以改变看世界的角度。

6.3.3 世界观

最后还要谈到的是对一切的整体认知，包括所有的一切：自我、
他人、宇宙、集体文化、信仰、信念、思想、倾向、价值、道德以
及这些所有概念内涵的事物。这样的认知被称作世界观，或者用首
次定义这一概念的伊曼努尔·康德（Immanuel Kant）的原词来说是
"Weltanschauung"。

世界观是一个由大脑重构的无数思想拼凑而成的图画，涵盖了你
所有的视角和生命哲学。其中有认识论，即你对知识本质的理解；还
有形而上学，即你对现实基本本质的思考；以及目的论，也就是宇宙
这一存在是否有终极目的。然后还能算进去宇宙学、人类学，更不用
说价值论了。

世界观在童年时期相当模糊。青春期的时候就开始动荡起来了。
然后，世界观逐渐地变得明朗而确切。随着成年人年龄的增长，加上
认知机制越来越倾向于长期化，世界观甚至可以根植于思维，所以人
们也就变得越来越难改变思维或看法。然而，似乎在那些终生都在加
工和储存信息的大脑中，世界观保持着绝对的可塑性，所以也因此建

议所有大脑用户都要坚持不断地学习。

世界观也在持续变化着。大脑的可塑性本质让世界观从出生的最初几天开始就不断接受着周围环境的影响，而且理论上讲这一过程永远不会终止，因为新信息、新事件总在集结并改变我们的想法，甚至连自觉或不自觉的认知偏见也会影响世界观，而且每一个大脑都是这种偏见的受害者，你也不例外。不过鉴于大脑也安装有半自动化的同理心功能，我们也能够轻松理解，一位生长在太平洋群岛上的女人的世界观和一位印度与巴基斯坦"炽热"边界上的巴基斯坦农民，或是一位纽约高盛公司的女律师之间的世界观当然会非常不同。

不过这一点只是文化的影响吗？或许自然本性和基因也很重要呢？我们总是更偏好新鲜事物，心理学家认为这一点是构成一个大脑人格的基础因素之一，当然也和复杂的世界观关系密切。的确，对新鲜事物的偏好通常与政治上的激进派相关，而其对立面则与保守的传统主义有联系。显然并没有什么研究是将大脑与政治倾向放在一起讨论的。不过总体来讲激进派人士似乎拥有稍微更大一些的前扣带回（额叶皮层中位于胼胝体上方的部分），而保守派人士的右侧杏仁核则会更加肥大。

尽管有时世界观中也有遗传的成分在里面，但有一点是可以肯定的：世界观最先由家庭进行传播，然后再在朋友之间和通过学校传递。到了后期，社会交往、学习、工作、电视或网络上的海量信息都会有机地集结在一起。通过所谓的"确认偏见"（对已经存在的某种信仰从信息或友情角度寻求支持的心理倾向）的加强作用，世界观就会稳定地根植于大脑中。因为我们知道，大脑有着预见未来的强烈执念，需要识别出已知的模型，而且同时需要归类，也就将每件事物都归入特定的抽屉中。

对世界的看法也包括道德。尽管你的大脑并没有一个特定的"道德中心"，道德抑制层面却似乎和前额叶皮层以及杏仁核相关联，这两个部位是理智和冲动的控制中心。作为证明，fMRI 扫描图显示，被归类为"反社会、暴力以及精神异常"的大脑其抑制机制根本不能正常运作。

这里从道德层面上来讲，如果反社会行为是由某一特定大脑功能障碍引起的话，这些人真的还可以受到指控吗？如果很严重的犯罪行为是和基因因素和/或童年阴影相关联的，感知了这一切的大脑真的就理所应当地应该被关在铁栅栏之后吗？如果犯罪者是因为睾丸素水平过高而造成了暴力倾向，给他判死刑就真的合适吗？

你看，你在阅读上段文字时做出的突触反应就可以为你提供一个你的世界观样本。不论道德判断如何，你的大脑都会准备好对这些棘手的话题做出回答。这些问题涉及了犯罪的生物学底线。我们需要强调的是，神经科学在持续地寻找更佳的动机，以某种方式重新审视整个国际公正系统。

同样，总是有某种世界观标志着不同的人类文化，以至于有时会成为笑话的来源（"一个意大利人、一个法国人和一个英国人同时去了酒吧……"），我们因此可以大胆地假设存在着一个普遍世界观，在某种程度上为全人类所共有。可以肯定的是，在我们知道地球是圆的，或者知道所有生命都完全以同样的密码进行繁衍之前，那时的人们肯定和我们拥有完全不同的集体世界观。

谁知道这个全球化、共通化的世纪里，一代或两代人之后会不会真的冒出一个真正普遍的普遍世界观呢？[1]

1　从全球的角度看，普遍世界观可能真的对解决那两三个小问题有帮助，比如全球变暖。

6.4 意识之外

意识之外是范围极其广泛的大部分大脑活动。即使将注意力集中在围绕你的整个环境之上，你能觉察到的也只是后台神经元疯狂工作中的一小部分而已。考虑到中枢神经系统的结构复杂性，这一点倒也十分容易接受。不过你的大脑可能很难接受的事实是，就连以动作和语言表达行为，这一最需要意识控制的事情，其大部分也是在意识阈限之下操作的。

无意识和潜意识的概念随着弗洛伊德的作品开始流行起来，他起初两个都用，只是到后期集中使用"无意识"。"潜意识"这个词有时用在非严格科学性的语境下。为了避免产生混乱，本手册倾向于使用**阈下活动**来代指，即处于意识的阈限之下。

弗洛伊德自己得出的结论是，阈下大脑活动会影响到行为。但他提出并实施的治疗措施——深入挖掘充满对父母奇怪感情的无意识的过去——还是有些值得商榷的。部分原因是心理分析并不是某种确切的科学（其成功取决于每位患者个体和每位治疗师自身），但最主要还是因为有意识大脑其实并不能通达阈下大脑。与人们通常认为的相反，甚至并不存在某一特定大脑区域来专门负责管理阈下活动。弗洛伊德于 1939 年去世，时隔半世纪之后功能核磁共振仪才发明出来，他也没法知道这一点。

时至今日，意识最经典的概念——也就是所有思维过程都能由大脑用户感知的想法——已经死亡并被埋葬了。就连视觉这样我们认为万无一失的感觉也会被数不胜数的视错觉所迷惑。而记忆等大脑功能也是广泛基于意识之下发生的过程，内隐记忆（用笔写字、骑自行车等）甚至完全在意识之下产生。另外一项我们太过习以为常的杰出能力——语言，也是借由两个系统协作才能运作的，位于意识之下的系统制造音节序列，而其展现形式却是有意识的思维。

意识系统以**串行模式**运作，也就是说意识只能是一个由连续操作组成的序列串。正如你所知道的，同时思考一件以上的事情将非常困难，这并非偶然。相反，阈下的意识系统则会分解极为大量的信息，包括情感、记忆等，这样的系统采取的则是**并行模式**，即同时处理所有的信息。很显然，两个系统如一个一样，这正是你所能体察到的准确感觉。所以你要明白，当你选择买什么房子、卖哪只股票，甚至在挑选结婚对象的时候，理智并不是你能使用的唯一资源，无论你最后得出的结论是精准无误还是大错特错。

6.4.1 奖励系统

如果此时此刻你正体会着存在的意识，那得感谢两个基本因素：
你有上百万个祖先都至少活到了生育年龄。

他们所有人都进行了繁殖活动。如果上溯到人类最古老的家族谱系树之上，他们中只要有一个人没有抵抗住危险，或者没有得到充足的营养和照顾，或者生命中美好的某天里并没有性冲动的话，你也就不会出现在这里了。如果就像我们能够想象的那样，生活让你感到愉悦，你要知道这样一个心理活动会引起多巴胺的释放。同样也是这种多巴胺分子，帮助人们远离危险，同时尽可能地接近食物和性。

接近或远离。接受或避免。世界上所有大脑都进化出了这一内嵌的且位于阈下的自动功能，而且动机只是单纯的生存问题：接近食物还是远离食物，接受还是避免。这一功能被称作奖励系统，因为在它激活时会制造出大脑刺激以"奖励"某一特定行为或是反过来打击这一倾向。这一系统既和学习功能合作（可以加强重复这一行为的动机），也和记忆功能相关（为了能在未来回忆起课上内容）。有人说这一切都对现代社会生活来说至关重要，但这样的想法并没说出什么：没有了奖励系统，那么汉堡配薯条、性高潮、网络、赌博、可卡因和购物就都不会是现在这个样子了。

奖励系统最常使用的奖励品是多巴胺。从中脑，或者更精确地讲从中脑腹侧被盖区（VTA）开始，多巴胺能神经元的轴突一直延长至伏隔核（也就是我们所谓的**中脑边缘通路**：从中脑出发，至周围系统停止），还有另外一些最终到达前额叶皮层（**中脑皮层通路**）。这些神经元之所以被称作"多巴胺能"，就是因为它们能够为突触释放多巴胺。通过其他通路，中脑腹侧被盖区也会向杏仁核（情感）、海马（事件记忆）和纹状体（学习）输送多巴胺。此外也有从黑质出发的通路，同样也是在中脑。

在你对这次电化学事件乱象没有丝毫察觉的情况下，多巴胺能神经元启动，你就会体会到愉悦的感觉，这种感觉促进你去"接近"，然后转化为情感记忆，与有意识或无意识的知觉联系在一起。不过当你嗅到腐坏食物时，你的中脑腹侧被盖区就会记录：这种东西应当远离，并准备好向伏隔核发送产生恶心的信号，同时也确保海马接收到这些信息形成记忆，以确保以后再也不会接近变质的食物。

没有了多巴胺，所有事情都会变得不一样了，可怜的实验小白鼠帮我们揭示了这一点（智人与这些小白鼠的基因相似度高达97.5%）。当小白鼠被施用了一种能够阻断多巴胺感受器的物质之后，它们就会停止进食，甚至可能直到饿死。感受器一旦被重新激活，它们就会再次开始像什么都没发生一样地觅食。另一方面，黑猩猩（98.8%的基因和人类相同）则向我们表明，将多巴胺称为"快乐分子"其实是不准确的。无数的实验研究都证明，与人们的通常想法不同，神经元性质的奖励机制并不会在最后"点燃"，而是先于动作的完成。换句话说，小豚鼠在发现拉三次杠杆天上就会掉下美味的奖励之后，多巴胺就会在大脑中释放。在此之后，豚鼠学会了这个方法，多巴胺的释放是为了在事前引起这一动作，而非在事后奖励。所以新的观点是，与其说多巴胺是为了快感，不如说它的功能是为了引起欲望。

不过，有关黑猩猩、猕猴和其他灵长类动物的实验在此之上又为奖励系统的拼图增添了另外一块图板。假如在动物学会了技巧之后，它就会随着时间的推移逐渐学会根据自己的愿望而自我配给奖励，而一旦游戏停止（由虐待狂科学家进行操作），它便会开始感到紧张。我们可以推断，这只动物会表现出贪婪的迹象，意味着多巴胺能通路的激活变成了一种习惯。

习惯是一种循环行为，这些行为的反复在我们的日常生活中尤为重要。你曾经倾注全部可用经历来学习如何点燃引擎、发动汽车的操作，如今同样的过程你甚至下意识地就可以完成。习惯还可以用来使经济系统正常运转。仅仅是经过那家冰激凌店就足以产生买一支奶油甜筒作能量储备的冲动，这全部取决于奖励系统潜意识模块中嵌入的习惯机制。同样是依托这一模块，广告、推销和消费心理学研究在全球范围内大肆席卷商业利润。如果一位消费者的腹侧被盖区在他从货架上拿下某一品牌的牙膏之前就已经被激活的话，就意味着电视广告有成效了。

不过，有时习惯在整个系统中占了上风，具有了某种意义上的优先权。"愿望"由此转化为迫切的需求，迫切到损害健康、名誉、工作和家庭。这一阶段我们称之为**依赖**。

在这层意义上，汉堡配薯条、性高潮、网络、赌博、可卡因和购物上升到了同样的高度。由于神经元的可塑性，人们可以无差别地变得依赖高脂食物、网络色情片、电脑游戏、轮盘赌、酒精、购物车，从而带来不良的副作用。部分科学研究正在试图了解为何不是所有大脑都倾向于出现这些依赖症，近期的研究指向心理学和神经可塑性，其目的是为了让人们能够从一些不受欢迎的小习惯中脱身。

总而言之，整个奖励系统是一个由经验拼凑而成的复合体，这些经验有些是当前即时的经验，也有一些是长期的，因为涉及过去的记忆。这些经验会被投射到将来，好让你做出你认为绝对理智而有意识的决定。不过我们很不幸地告诉你，这些所谓最理智最有意识的决定，其实大部分也都是潜意识完成的。

6.4.2 自由意志

刚刚你放弃了查阅邮件，而是拿起了手边的一本书。你翻了几页之后选择了正好停在这里（即使你也可以选择另外一页）。你本来也可以突然合上书，然后打开电视机，不过你还是决定继续读下这几行文字。

我们每天的生活就像一串自由选择。很遗憾的是，很多哲学家和科学家都认为这样伟大的自由仅仅只是一场幻觉，自由意志并不存在。阅读这本书、这几行字的你只是在执行一个已经预先设定好的脚本而已。

类似的断言让我们的日常经验岌岌可危，而承认这一切都是幻觉的话更会给我们早已习惯的再正常不过的因果关系当头一棒，甚至会动摇世界上所有文明和法律条文中作为基础的"责任"这一概念。就连很多宗教教义也会落得同样的命运，因为宗教中的规则和指示也都潜在地根基于高程度的自由意志之上。所以可想而知，这一话题刺激了众多大脑。

既然你已经进入了我们的圈子，我们就更愿意让你走出这一荆棘丛，以便稳定此时正在你体内循环的压力激素。我们将会向你讲述以下三件事情：自由意志的问题至今仍是谜团，没有确切的解答；这一问题很大程度上取决于如何定义自由意志；有理由相信我们至少能够使用一定量的自由意志。下面让我们一一道来。

历史上的所有哲学家都阐释过他们关于自由意志的看法，不论是亚里士多德还是康德。观点的复杂性史无前例，已经引起了几个世纪的批判和反思。如果极端简化一下的话，我们可以说自由意志与**决定论**是截然相反的，决定论的中心思想是每一个事件都拥有一个特定的起因，这个起因只能造成这一个事件。决定论的概念诞生于古希腊，不过艾萨克·牛顿向人们展示了宇宙的运行是一连串不可阻挡的物理定律所推动的，在此之后决定论迅速发展起来。人体（包括大脑）是由原子组成的，同样的原子也是构成我们如今栖居的宏观宇宙的粒子。

但在几乎一个世纪以前，人们发现在这些原子的微观宇宙中，游戏规则发生了惊人的变化。**量子力学**的皮米世界（一个水分子大约25皮米，也就是4000亿分之一米）中，光子或电子等物质展现出波和粒子的双重特性，而最特别的一点是，这些粒子完全由不确定性控制着：在亚原子粒子的规模面前，决定论的绝对保障被概率所取代。

直到1985年，心理学家本杰明·利贝特（Benjamin Libet）发明了一个实验来测量从意志到付诸行动之间的时间长度。他为测试者连接了一台记录脑活动的脑电图仪和一台显示肌肉活动的肌电图仪，然后让测试者以特定的间隔弯曲手腕，并记录下他们决定这样做的精确时间。实验后利贝特发现了一件十分惊人的事情：在额叶皮层上负责准备运动的区域中，仪器记录下了被称作**运动准备电位**的大脑活动，这在测试者宣称意识到自己动作的 350 毫秒以前就已经出现了。很多人认为这又是一次很好的证明，在他们看来，自愿活动和决定都在潜意识层面上开始，超过了意识的下限。与自由意志没有关系。

2008 年的一项心理学研究中，两组测试者分别阅读了两段知名科学家的引言，其中一段是关于意识主题的综合性认同，而另一段则是从分类学上排除自由意志存在的论断。此后实验安排了一个有偿的小游戏，而这个游戏让人很轻松就能悟出投机取巧的方法来。就这样，被自由意志论断减轻了负担的人们有 45% 都倾向于以非道德的方式行动。

幸运的是，在决定论、自由主义者，不相容者和修正主义者之间，也存在着一些**相容主义者**。相容主义者认为自由意志就算是在确定性的宇宙中也是拥有一定空间的。

英国物理学家罗杰·彭罗斯（Roger Penrose）[1]主张，在亚原子级别上控制物质的量子力学既能够解释意识的存在，也能够解释自由意志的存在。有人反对这种假设（比如这些人认为这与大脑的操作温度不符），也有人狂热地支持，甚至发展出了被称作"量子心灵"的假想理论。

哲学家丹尼尔·丹尼特（Daniel Dennett）著有《自由的进化》一书，他认为："我们比组成我们的各部分都要更自由，没有必要再增加神秘因素了。"因为差异并不在于物理学，差异在于生物学。十亿

1　编者注：罗杰·彭罗斯（Roger Penrose），英国数学物理学家，2020 年诺贝尔物理学奖获得者。

年前，地球上还没有任何自由意志的痕迹。此后，进化以缓慢的步伐为生物机体不断添加越来越强大的能力和本领，在智人身上更是爆发式地增长，直到将智人从动物世界中区隔开来成为特例：智人知道如何预测自我行为在未来产生后果。

请你考虑仔细。如果有人问你："你为什么做了这件事？"你非常有可能以精准又理智的方式作答。大脑指挥行为是基于有意识层面上反映出来的原因，但同时行为也会受到潜意识层面的影响。而且有无意识两个层级之间的界限很可能是可易的。如果你用一种仍在学习中的语言表达自己的话，你会在联系动词和变位时有意识地感觉到明显的困难。但在说母语时，这一部分就变成潜意识占上风的领域了。现在我们来想象一个正在演出的萨克斯演奏者，他要为一首歌添加即兴伴奏，在音符的流动中，他可能甚至要每秒做出五次或十次"决定"。有意识水平上他可能永远也没有足够的时间来处理这些决定，他只能依靠大脑潜意识对音乐性的整体感知来完成。并没有某一种精神引领大脑，也没有某种命运控制大脑，但大脑什么都会做。这样的大脑一方面是可见的，另一方面又是对自己隐形的——事情顺利完成，就好像只经过了一个过程。

当然了，就像伟大的生物学家杰里·科恩（Jerry Coyne）主张的那样，可能"自由意志是一场非常有说服力的幻觉，以至于人们并不愿意承认它不存在"。

"你相信自由意志，相信拥有自主选择的能力吗？"记者、作家克里斯托弗·希钦斯（Christopher Hitchens）曾在公众面前被问到这样的问题。他则很有准备地答道："我并没有选择的余地。"

6.4.3 人格

世界上最幸运的人名叫乔治，但没有人知道他是谁、住哪里。一项科学研究在这之后很久才发现，1983 年，乔治决定了结这一切。他只有 19 岁，是一位非常优秀的学生，非常清楚病情诊断没有给他留下一点可乘之机。他的强迫症逼迫他不得已地做很多事情，包括每天洗几十次手。他的社交生活极度受限，内心生活也不得安宁。有一天，他拿起了一把手枪并向着自己的头部扣动了扳机。医生们为其进行手术，他幸存了下来。不过此后，他就彻底地从强迫症的阴霾中走出来了，甚至整个转换成了另外一个人。

乔治甚至比费尼斯·盖吉还要幸运。后者是在一次非常严重的前额叶穿孔中存活下来的，但后来成了人格恶化的受害者。

行为——起源于意识的总和，加之意识阈限之下的全部不可知力量——是个人人格在时空中的表达。人格是每个人类思维的不容混淆的印记，由价值观、记忆、社会关系、习惯、热情、兴趣等不确定因素混合而成。

心理学家研究行为并为其归类，他们创造出了非常多的类别，以便将人类表现出来的所有人格谱系恰当地归纳，其中一种可能是我们最熟悉也是使用最多的方法：将世界分为五个类型，并假设所有大脑都有一个最恰当的位置，以评分高低来决定。

开放度，测量的是对新鲜事物的接受性。你可能更倾向于逃避一切新鲜经验，不论是知识还是感觉。或者你也可能觉得一切你没有做过、看过、听过或尝过的东西都要必然去做、去看、去听、去尝。不过，更普遍的是，你的大脑落在了这两种极端中间的某个点上。

责任心区分的是那些事事严格按照计划安排生活、像遵守法律一般遵守期限的人和另外一些一切随遇而安、无忧无虑、根本不去在乎期限的人。世界上没有哪个大脑能够如此夸张，这一点自不必说。大部分的大脑在责任心这一色谱上都会落在中间的色块上。

外向性是人格光谱表现程度多样化的最明显的一个事例，可能是因为这一点在他人眼中是最明显、最可"衡量"的了。最外倾的大脑并不一定是聚会或聚餐时最先到达的那个，但的确是会将人们目光吸引到自己身上直到最后一秒的人。相反，最极端的内向大脑也不是端着杯子缩在角落里或是最先退场的人而是那些根本不参加聚会的人。

作为弥补，**宜人性**取决于一个人与他人之间的关系，所以甚至更加具有主观性、更加易变。宜人性的评级中，一端是人见人爱型，另一端则是人人憎恶型。

最后还有**情绪稳定性**，这一类从哪个角度看都是最复杂的，"得分"很高的大脑更容易体验到负面情绪，比如焦虑、恐惧、愤怒、沮丧、嫉妒、罪恶感等等。

有人亲切地称这种五分法为"大五人格"，因为仅凭五种分类很容易忽略一些显著位于中间的状态，因为人类表达方式的集合异常复杂，尽管这种五分法的确能够帮助我们理解变化的最极端情况。

不过真正的问题还不在于此，而在于：是什么决定我们的人格？人格存在于哪里？是我们的自然属性更能牵制人格，还是文化因素更占上风？

一般来说，同一个大脑在六十岁的时候和它在二十岁的时候的表现不同，对新鲜事物的开放性经常会降低。不过就算是在同一天之内，在周边发生的事件、环境或是激素的影响下，外向性或是责任心程度都会剧烈变动。然而可能你也已经注意到了，有些大脑在我们称作脾气或是性格方面看起来似乎总是稳定的：一个幽默感（你看，大五人格理论里就没法包括这一点）十分突出的小孩，长大成人之后也往往是个活宝。这两种现象之间的割裂源于人格更取决于基因遗传的自然属性，而非家庭环境等文化因素。

如果 DNA 和环境在诸如形成智力等过程中能够五五分的话，我们称之为人格的东西就要改变定义了。

大量的神经科学和心理学研究都显示，外向性或情绪稳定性的决定因素大多来自母亲的染色体，而不是母亲本身对孩子的所作所言。换句话说，"自然"比"文化"对人格的塑造性要强大得多。

这一想法在 1997 年由心理学家朱迪斯·里奇·哈里斯（Judith Rich Harris）进行了阐释和解读。她完全颠覆了之前人们基于常识得出的观点：暴力家庭养暴力儿子，外向家长养外向子女。

如今一切都在证明新的直觉才是正确的：一个家长可以花很大力气去试图塑造子女的人格，但努力大多白费。这是先有鸡后有蛋的罕见现象之一。如果家长是运动型的，子女也能成为运动员。如果家长喜爱读书，那么子女也有很大的可能性对阅读感兴趣。这更像是个铭印（imprinting）问题，带有父母双方各自特性的基因融合到一起，然后按 1∶1 的比例融合在基因组中。

有不少研究（大多以双胞胎为实验对象，所以他们既共享基因特征，又共享一间儿童房）都证明了这种假设。然而还有其他类型的实验。几年前在丹麦进行的一项更加复杂的研究对超过一万四千名被从小收养的成人进行了测试，并将他们的犯罪记录与其养父母和生父母进行了比较。结果表明，犯罪行为有一定的遗传倾向。另一项研究是在 2015 年于哥本哈根大学进行的，参与实验的还有佐治亚大学和得克萨斯大学，实验探究的是（很幸运的是能够使用核磁共振技术）107 个黑猩猩的大脑解剖结构，这些大脑已经根据各自的脾气秉性进行了分类。结果显示，主导性人格的大脑在右侧前额叶皮层拥有更多的灰质；被认定为开放、外向的大脑，则在双侧半球的扣带回前部灰质更多。还有诸如此类的种种结果。

请不必担心，这并不是个坏消息。你刚刚发现，至少在暴力和刑法方面，没人能够控制自己的人格。但这并不表明你完全不能干预。

我完全同意，一个经常逃避聚会的人很难成为派对女王；喜欢承担责任的人，不论程度轻重，都很难成为头号旷工专业户。但是大脑是可塑的，人格也会受到奖励系统的影响，而奖励系统常常能够通过可塑性对其进行修正。一个不太负责的人可以在生死攸关的悲剧发生后决定增加自己的可信度，或者可能仅仅是意识到这样做更有好处。一个倾向于在正常程度的恐惧之上（不超过病态界限）催生更大恐惧的人，也可以学习去改正自己的情绪稳定性。

但这样做的条件是，至少要对大脑这个控制中心及其复杂的运行机制有一个初步的了解。

控制面板

　　在控制面板中你可以对大脑中的自主功能进行调控，比如动力、注意力、学习、想象以及情绪。不过这里有个问题。每个大脑都受基因（染色体遗传）、表观遗传（不依赖于基因本身的基因表达中的变化）和模因（出生后暴露于其中的文化信息）的影响。其结果是，世界上没有两个大脑是完全相同的，这也就让我们很难编写出适用于所有人的控制面板使用说明。

　　幸运的是，在神经元功能中存在着一些普遍规律，可以让任何一位用户都能够在一定范围内调节自己的大脑。只是做到这一点要花上不少力气：大脑的自主功能自然需要一连串的自主性。

　　没有动力就很难维持注意力，没有注意力学习就会受阻，没有学习我们就不能增长知识，没有知识的变化想象力就不能插上翅膀，没有想象力我们就总会遇到困难，因为没办法尝试做出理智的决定，或者解决最棘手的难题。

　　这些大脑特征的共同点是什么呢？嗯，它们都是能学习，并且可改变、可完善的。我们可以学会学习，我们可以发展创造力，我们可以控制冲动，甚至改变不想要的习惯。总之，我们可以做到的远比很多大脑通常认为的要多很多。

7.1 动机

动机是每个大脑所拥有的一系列设备之一。然而，每天早上驱使我们冲进厕所或是厨房的动机，和鼓励我们学习弹吉他或是西班牙语的动机大不相同。的确，前者是自动的，取决于刺激，而后者则是自主愿望带来的行为，是大脑皮层中执行区域产生的。后面这种才是大脑控制面板所关注的。

拖延是动力最常见的敌人，并不是到了电子时代才诞生的。西塞罗在 20 多个世纪之前就说过："不论做任何事，最可憎的就是拖沓与延期。"根据一些关于这一话题的研究，世界上有 20% 的大脑都受到时间拖延的影响。

思维也是在两个平行的脑系统中进行运作的。其中一个系统是瞬时的，很大程度上是自动的，而且有一大部分是处于意识阈限之下的。另外一个系统是慢速的、反射性的，最终表现为你所听到的头脑中的"声音"。瞬时系统是建立在"爬行动物"和"哺乳动物"的原始脑结构基础之上的（比如小脑和杏仁核）。而慢速系统则依赖于更加复杂的"灵长类"大脑，也就是新皮层。这两个系统经常互相竞争。

决定应该去办张健身卡的是新皮层，原因可以是非常直观的（肚子太大），也可以是非常理智的（保持健康）。于是你挪动双腿一直走到注册柜台，听人讲解如何支付年费，由此来体会到一种多巴胺引发的有趣的舒适感。这里说"有趣"，是因为奖励来源于你终于做出了一个健康的决定，尽管这种喜悦非常有可能变成一场幻觉。在美国

（欧洲的数据未知）有 67% 的人是在健身房报了名但从来没去过的。这种情况是典型的"爬行动物"大脑占据控制主导地位。你大脑中最深的一层不仅十分懒惰，而且痛恨变化，它性情娇纵，而且总想取得控制权。看到蛋糕的时候、走来一个十分有吸引力的人的时候或是手机铃声响起的时候，你会马上从更重要的事情（比如工作、学习或是开车）上转移注意力。

这并不意味着"灵长类"大脑就不能要求你做出改变、做出行动或集中注意力。它的确这样做了，有时也会成功。但另一部分的大脑就像孩子一样，一分钟之后就会建议你去刷刷社交媒体或是告诉你今天不适合去开会，因为"天气太好了／天气太糟糕了，公交车罢工了／自行车没气了"。要是没有十分稳固的动力来回应这些借口，原始大脑总会得逞。我们知道你对此再清楚不过了。

现在，接受了让原始大脑统治的现实，我们可以试着去欺骗它，利用同样的机制让大脑工作起来。

情感回路。总的来说，动力是通过联系过程激活的：比如我们想象一个要达成的目标，就会相应地让一种精神状态产生。记起过去愉快的经验（记忆和情感装置紧密相连）有助于创造积极的精神状态。很多优秀的网球选手在事业方面非常坚定，比赛时常常会（大声）为自己鼓劲，以便借此为自己"充电"，很明显这一招很管用。此外，改变工作的常规，或是为重复性工作增加一些新鲜的形式或乐趣都可以为我们在情感上提供支持。

认知偏见。从心理学上说，完成一项已经开始的工作比起从头开始一项工作要更容易一些。众多认知偏见中的其中一个就是这样告诉我们的，同时还被大众智慧证实了："好的开始是成功的一半。"仅仅是将工作或学习分割成小块也能给我们留下更简单、更容易上手的印象。

奖励系统。拖延意味着你选择了一次即时奖励，动力则拥有长远的目光，它能支持你完成一项可以带来未来奖励的活动，比如毕业或是升职。能将思维投射到遥远未来的最终结果之上，这是人类大脑结构独有的一种能力，仅仅是想象远期目标的达成就能引起奖励。不过同样的原理也可以应用在短期目标上，比如将学习或工作分割成小单元可以让多巴胺的激励在一天之内反复多次。这样新皮层就能有意识地去试着缓和"爬行动物"大脑造成的自动焦虑。

可塑性。大脑的主要倾向是充满动力还是懈怠放松，取决于其自身结构及其内部的连接。来自牛津的研究人员利用功能核磁共振技术研究了这两种倾向，在扣带回和颞叶前运动皮层的交流中发现了造成这种差异的活动迹象，二者之间的交流参与着个体采取行动时做出的选择。不过有趣的一点是，最高的活跃性并不出现在充满动力的大脑中，而是出现在那些懈怠的大脑中，似乎这些大脑区域之间的连接十分匮乏，因此反而需要更多的能量来传递行动的想法。从这一点来看，我们很容易理解为什么有的人总比另外一些人要费更多的力气了。但是，如果说你的总体动力水平让你变得毫无干劲，你就要求助于大脑的可塑性了。

现在，我们已经清楚地知道，要想引发必要的生化效应以启动突触的形成和巩固，必须要有动力和注意力。不过，就像乐观主义或是相反的思想焦虑能够改变大脑结构的道理一样，实践过程中，动机也需要大脑长期的可塑性练习。

你大脑中祖先遗留下来的、自动的实践过程中，情绪化的部分，与经过进化更加现代的部分之间每日、每刻都在进行着缓慢而矛盾的斗争。结果就掌握在你手中。哦不对，掌握在你的额叶中。

启动	关闭
计划和行动	拖延
知道"爬行动物"脑和新皮层之间存在着冲突	以为可以控制
知道动力可以通过自我鼓励来获得	被动接受，懈怠
使用情感、奖励和可塑性来取得控制权	被懈怠心理牵着走

7.2 注意力

这一刻，你正在仔细阅读一本书。或者更精确地说，你正在将目光聚焦于一系列代表词语的符号上，这些符号可以转码成意义，你的大脑已经学会如何去解读。再简单一点来讲，就是你正在集中注意力到阅读的东西上。

不过事情也没有那么简单。与此同时，你也能察觉到自己身体落在椅子上的重量、从窗户吹进来抚摸你的皮肤的风、从厨房飘进来的烤肉的香气、远处传来的街上的噪声、五楼的姑娘拉小提琴的声音等等。不仅如此，除了从外界涌来的海量信息，你的内部也能感觉到自己的连续思想，这些思想覆盖在这本书的词语之上。处在这样一个鱼龙混杂的状态里，你怎么可能理解词语呢？你怎么可能集中注意力于词语之上而将其他一切抛之脑外呢？

注意力的系统是人脑的补充部分，从出生起就已经具备了。这一系统用于将思维导向那些需要进行应答的刺激，既包括预示着喂奶的拥抱，也包括野生动物发出的警示叫声。此外，在如今这个后工业化的时代里，脑力劳动已经在数量上超越了手工劳动，注意力对经济的发展来说变成了一种更加基础的资源，也成了你自身效率的衡量标准。只可惜它是有限资源，经常受到挑战。

多任务处理的思想来源于人脑和电脑之间的类比。计算机可以同时执行多个任务，所以人们也假设一个在电子时代出生或成长的人脑也能区分工作、短信、邮件、社交软件消息提示。不过显然这只是我们的幻觉。大脑的确能够让我们用手机敲定一次见面时间，同时听着收音机还开着车，但这也存在着引发交通事故的风险。不仅是注意力的能力有限，就连将注意力从一件事上转向另一件事时我们通常也会经历一段大约半秒钟的空白时间（被称为注意瞬脱，attentional blink），在此期间神经系统完全不会工作。而当你在以 100 千米以上的时速开车时，半秒钟都是生死攸关的。

显然这里我们需要区分一下自动注意（听到有人叫自己名字的时候就会抬头）和自主注意（决定开始阅读那本书的某一章节）。可以想见，二者经常互相冲突。有研究显示，电话、电子邮件和短信的打扰对学生的学习会产生消极影响。此外也有证据表明，被打断的人工作效率甚至会下降 40%。

就像外界干扰还不够似的，神经元注意力控制有时也会因内部因素而受到限制，这样的内因与个人设置紧密相关。有一种注意力缺失造成的症状（也就是人们熟知的 ADHD——注意力缺失多动障碍，attention-deficit hyperactivity disorder），直到 20 世纪 80 年代才精确地为人们所知，而直到 90 年代才被大范围进行诊断。男性儿童出现这种症状的频率是女性的三倍，而且与基因遗传明显有关。注意力缺失的主要表现是集中力匮乏、易冲动，有的时候也会出现多动表现，影响儿童学习。过去曾经被认为是在学校里需要被处罚的行为，如今则得到了病理学解释（尽管二者也有一些区别）。通常情况下这样的症状在青春期末期出现，但也有将近30%的病例是在成年之后才产生的。根据一些人的估算，2%的成年人受到注意力缺失的影响。

注意力系统受到多巴胺的控制。尽管并没有一个特定的大脑区域是和注意力相连的，但它的确是额叶和颞叶中能够探查到的最剧烈的活动之一，神经元在这里开始"尖叫"。嗨，这只是一种说法而已，不过就像我们在吵闹的环境中会提高嗓音以便让别人听见我们说话一样，有些神经元似乎也会倾向于提高传递信息的密度，以此来过滤掉干扰。根据一些研究，大脑也可以通过同步某些神经元的"激活"节奏来达到集中注意力的目的，甚至有人尝试论证可以使用音乐教育来减轻注意力缺失的症状。

神经科学试图去化解注意力这团乱麻，理由很明显：注意力缺失会造成交通事故和社会不平等，目前用于治疗的药物（包括儿童用药）还会带来很多副作用。

不变的是，你的大脑懂得学习。改善注意力、提高集中精神的能力也是如此，可以通过奖励系统来做出以下努力。

要改善自己的注意能力，首先要根据需要抽出几个小时，远离来自手机和平板电脑的信息流，这些是总在诱惑我们的大规模干扰武器。有证据显示，多任务处理会增加我们的压力，让我们不能完成预期的"做得更多"或"提前做完"的愿望。相反，我们做得更少，浪费的时间却更多。

此外，我们对不同事物的注意力差别很大。我们可以心不在焉地关注一场球赛，同时读着一本书，但解说员刚一提高嗓音我们就会集中注意力在可能进球这件事上。但是如果我们真想学习的话就需要长时间地集中注意力。集中注意力需要的是积极付出行动，因为这种能力可以学习，可以改善。根据一些研究，注意力与无关思想和冲动的排除能力有关。但很明显，没有人能够无限时间地保持集中精力状态。

很多人都会使用的一种技巧叫作番茄工作法，因为其发明人最初是使用一个番茄形状的厨房计时器来实践的。番茄工作法指的是将一项脑力工作分割成 25 分钟的小模块来进行，每 25 分钟之间有 5 分钟的休息时间。4 个模块之后，也就是 2 小时之后，可以有一次长度为 20 分钟的休息。连续保持注意力 4 个小时其实并不困难，但会对效率产生反作用。番茄工作法的休息时间就是为了更好地再次集中。

20 世纪 70 年代有人提出了所谓的"注意力经济"理论。在新兴的大型工业巨头（谷歌、苹果、脸书、网飞、亚马逊）开始竞逐抢占传统媒体市场、以瓜分公众注意力资源之后，注意力经济就占有越来越显著的地位。因为每天人们能够分配给电视剧、网站、报纸、应用和电脑游戏的注意力时间是有限的。

乔治敦大学电脑科技教授卡尔·纽波特（Cal Newport）在他的作品《深度工作》（*Deep Work*）中说到，注意力是新型竞争的关键因素。在他看来。能够在思想上远离干扰的大脑将会在新型经济模式下获得成功。不仅是因为智力工作将会越来越占主导地位，同时也是因为在混沌的信息海洋中能具备集中注意的能力在全球范围内都会显得越发可贵。

一样的，经过有意识地努力和重复，人们就可以改善注意力。甚至有人确信冥想也能带来巨大的帮助。不过这一切的前提是，你不能总去看手机。

注意力启动	注意力关闭
尝试远离干扰源	不断进行多任务处理
训练集中精力的能力	相信集中精力的能力不可改善
保持集中精力的节奏,但中间穿插休息	间或集中精力
冥想	泛滥着感觉信息的洪水(比如派对)

7.3 学习

一般人们认为,大脑在你还被暗淡、昏沉的液体世界包裹时就已经就已经开始学习了。从那时起,最初的神经元齿轮开始转动,预示着出生感觉的洪流即将到来。此后,大脑逐渐转型为世界上最强大的学习机器,仿佛专为学习而生。

植物也会以自己的方式学习。所有的动物,尽管程度差异很大,也会学习。但没有一种生物能够像智人一样,凭借着这项进化特性铸就你现在身处的独特文明环境。

至少在这一时刻,人类学习机还是比真正的机器学习要更复杂、更灵活、更强大。机器学习是一种自动化的学习装置,其技术基础正是现在快速崛起的人工智能技术。一个能力均衡的一岁小女孩拥有任何一个机器人做梦都想不到的学习能力。一个三岁小男能够识别出一辆卡车,即使其特征、颜色或空间方向有所变化。一个 15 岁的青少年懂得书写、踢足球,还能细致入微地描述周身环境的各种问题。如此的学习能力持续终生,获取、巩固或修改的全部信息都在神经元记忆中得到解读,这一过程永无止境,而且是塑造人格的重要一环。

请仔细思考这句话:你的大脑认识什么、会做什么,你就会成为什么样的人。

学习是人脑最关键的一项功能，从妊娠到死亡，一直如此。个体用户、家庭和民族都非常清楚这一点。不过，世界上最好的长期投资就是，为了自己、为了子女、为了同胞在培养突触、练习动作电位和增加髓鞘上花费时间和精力。

英国男孩崔斯坦·彭（Tristan Pang）两岁就能阅读并掌握高中数学内容，2013 年时他以 12 岁的年纪考入了大学。乔伊·亚历山大（Joey Alexander）是一位印度尼西亚的爵士钢琴家，2016 年，仅有 11 岁的他就凭借第一张专辑获得了格莱美奖提名。关于这些自然天才的大脑机制我们尚未确知。不过他们都拥有非常出众的集中注意力的能力，并且在童年时就获得了动力，这种动力让书本或钢琴转化成了他们最喜欢的玩具。但是有一点应该很清楚，就是在崔斯坦诞生的家里绝少不了数学书籍，乔伊家也少不了爵士乐。如果莫扎特出生在西伯利亚的村庄里，而不是客厅摆放着大键琴的萨尔茨堡的家中，整个音乐史都会被颠覆了。

所以，我们先不管那 0.0001% 的特殊大脑。余下的 99.9999% 的大脑都要费力才能学习。如果你感到学习数学或者钢琴有困难，这再正常不过了。关键点在于别处：你热爱付出努力，还是与之完全相反，你根本就憎恨努力？因为要是能将这样的付出看作是一种乐趣的话就再好不过了，这就意味着你突触的长期巩固功能正在起作用。心理学家卡罗尔·德韦克（Carol Dweck）的研究就证明，大脑如果相信自己能够变得更聪明的话，就会真的变得更聪明。以同样的方式，大脑如果确定自己能学会任何事情，而不是消极地想天分都是命中注定的话，就能学得更好。不仅如此，关于学习机制的研究向我们揭示，要想真的掌握一个学科、一门语言或一种工具的话，就要最大限度地

（并且不过分地）让大脑走出自己的舒适区。作家马尔科姆·格拉德威尔（Malcolm Gladwell）在他的作品《异类：成功的故事》（*Outliers: The Story of Success*）中提出了如今我们熟知的"一万小时定律"：任何一种人类活动，在成为专家之前都要正确地学习或训练一万小时，平均每周 20 小时，一共持续 10 年。一切都是时间问题，这点不假，但"正确地"这三个字更能拉开差距。以钢琴神童为例，如果他很小的时候在学会了三首曲子和所有大调音阶之后就满足了，以后只是不断完善他已经会弹的东西的话，他永远也走不出自己的舒适区，一万小时定律也就自然不能带来同样的结果。

与此同时，重复也是学习游戏中不可或缺的一部分，因为记忆机制就是这样工作的。赫布定律称："一起激活的神经元会连接在一起。"这比上一个定律科学多了。突触通过重复使用来加强自己。考试前夜的疯狂可以让你通过考试，但并不会让你长期记得学会的东西。如果天才想要成为天才的话，就连他们也要在学习的同时不断重复，也许他们不会感到那么疲劳。这只是在说，哦不，你没有捷径可走。

不仅是突触，就连整个系统都是建立在信息重复使用、渐进使用的基础之上的，神经元和胶质细胞都会参与其中。星形胶质细胞监视着轴突的活动，如果轴突过度活跃它们就会命令少突胶质细胞额外增加一层髓鞘来保护轴突，并提高信号传输速度。有研究证明白质（轴突的髓鞘）的含量和智力、认知和经验之间有着直接联系。大脑这部学习机器的确不凡，但要经常使用，更要知道如何使用。

我们宏观地讲了一下关于学习的话题，但其实对此可谈的维度数不胜数。学习一门外语，比如波兰语或西班牙语，就能"激发"大脑的很多区域。增强运动协调性，比如学游泳或滑冰，则会关联到其他大脑位置。吹笛子、拉手风琴甚至会达到以上这两种效果，并影响到一些区域。这就好比是我们同时拥有语言大脑、运动大脑、音乐大脑等等。在你的颅内这三者都有位置，当然，还有很多其他空间。

婴儿时期和青少年时期都被称作关键期，在此期间一些种类的学习会比其他时期更加容易（比如学龄前学习语言更具优势）。神经元发育贯穿整个关键期，因此利用生命中的第一阶段来同时上学、学游泳、学跳舞是非常有意义的，能学多少就学多少。但这一点关乎家庭，更关乎管理公众教育的政府。

国家不同，教育系统也各有千秋。芬兰的学校常年位于世界经济论坛对学校排名的前列，与加拿大、意大利和塞内加尔的教育体制都不一样。然而总的来讲，大部分的学校系统都不会只给学生提供关于大脑这一器官枯燥的基础知识（在一本意大利中学课本上我们做了一下统计，其中有 9 页讲大脑的内容，而有 12 页是讲消化器官的），但同时也不会对神经科学研究发现予以重视。

过于严厉的教师或是考试的严格时间限制会造成皮质醇，也就是压力激素的分泌。在危险信号面前，大脑中最原始的结构会对最现代皮层结构的学习功能造成冲突，有时甚至会阻碍学习。在芬兰，继续上面的例子，学生第一次经历考试是在 16 岁，关键期正好到达了应该接受一点压力挑战的时候。

很明显，就算离开了赫尔辛基，从幼儿园到大学也总有非常优秀的教师能够完美地完成工作。

这些老师能让自己的教学变得富有趣味，生动活泼，尽管他们自己可能并不清楚这其实是诱发新的**多巴胺**进入循环的唯一方法。如此一来，突触连接就会得到积极的加强作用。

同时他们也会走下讲台，与学生拉近距离，这样就能鼓励他们的大脑生产**乙酰胆碱**，也就是注意力的神经调节物质。

他们也会在课堂上带来很多新鲜元素（比如改变教室布置，或是使用一些原创的教学方法）来刺激**去甲肾上腺素**的分泌。去甲肾上腺素有助于长期的注意力集中，所以也能让学生更踏实地学习。

当然还有一点，就是当学生过分调皮时，他们也总是能利用一定剂量的**肾上腺素**以提高嗓音的方式予以警告。

只不过这些教师不会习惯性地使用这种威胁，否则**皮质醇**就会摧毁一切。

现在的问题就是，我们真的需要这样的好运气来进入这些优秀教师的班级（或者出生在芬兰）[1]吗？为了解决这一国际性难题，多多少少都需要在不同的教育体系中融入一些神经科学的基本原则。

如果你已经脱离学龄，这些现象可能显得有些乏味。不过我们建议你改变看法。从文化角度来说，尽管学习和青春相关，但学习是人脑的一项关键功能，从潜能上讲，从不停止。

已经 60 岁了还可以再学习一门乐器吗？ 70 岁学一门新语言呢？答案总是肯定的。然而，这很大程度上都取决于已经过去的那 60 年或 70 年。一个人如果能在走出学校之后更好地开发突触、增加髓鞘，此后的学习也会变得更容易。一生以运动为职业的人退休之后也可以在高尔夫球场上大放光彩，但对于年轻时候连手指都懒得动一下的人来说就困难得多了。同样的道理，习惯多读书的人，60 岁甚至更年迈时学习统计学或葡萄牙语也会更顺手。只是一切都并非绝对。

1　在芬兰孩子们 7 岁开始上学；一直到 13 岁都没有家庭作业；16 之前没有考试；教师都是优秀的毕业生，都在国家的资金支持下完成了博士学业，虽然薪水起初不高，但随着时间的累积会涨到很高水平。

学习能力启动	学习能力关闭
知道可以学会学习	相信才华是先天注定的
努力是很好的事情，意味着大脑正在重新组织	不愿付出
重复是必要的，是记忆的游戏规则	记忆力差，长期记忆也会丢失
改变兴趣（为了知道更多）和常规	兴趣很少

7.4 想象力

弓、犁、矛、星盘和飞机之间有什么共同点呢？从最初的生存时代延续到知识时代，它们都是人类创造力的产物。不过这还只是人类几千年历史中有价值发明中的一小部分。能让有毒的箭和国际航班联系起来的就叫作想象力。

在有强大的动力、能够最大限度地汲取知识、付出相应注意力的情况下，想象力就在进化的帮助下承担起了帮助人们解决困难的功能。怎么才能在不太靠近的情况下猎捕那只凶猛的动物呢？怎么才能改善明年的收割工作？如何阻止船只随波逐流？怎么才能在开放海上不依靠陆地为参照判断航向呢？如何才能轻松地跨过各个大洋呢？如此等等，然后人们也发明了木筏、锄头、背包、盖碗、蚊帐等等。

不论你此时身在何处，你都能很明确地感觉到环境和周边发生的事情。我们来做个实验：请想象现在突然有三个西部牛仔出现在你面前，或者三个电影明星也可以，然后你要描述一下接下来30秒内会发生的事情。

牛仔会开枪射击吗？朱莉亚·罗伯茨坐在你旁边了吗？不论发生什么事，你的大脑都在描绘一个平行现实，它由**发散思维**，也就是从多重可能性之间进行选择的能力中产生。请相信，这是一种预先装载在你大脑中的独特功能。关于发散思维最典型的例子就是阿尔伯特·爱因斯坦，他拥有渊博的知识，又对未知拥有极强的好奇心，他将注意力集中在关于宇宙的问题上，由此发现了时间和空间其实是同一时空连续体中的不同维度。

不过这个例子也不完全合适，因为可能会让人觉得想象力只是诺贝尔奖专属功能，但事实上它是全人类都具备的能力。它是在头脑中规划的一条躲避拥堵的可选路线，它是为获得某人芳心而写的情诗，它是发明一种融合菜菜谱的灵感源泉。此外想象力也是创造力的钥匙，通常我们将创新发明定义为拥有内在价值的原创思想的产物。

后工业化社会中，创造力在基础经济资源中已经上升到了非常显赫的地位。根据一些统计数据估计，2011年欧洲生产总值中大约有3%是由出版、广告、艺术、设计、时尚、电影、音乐、舞台、软件等领域带来的，约合5000亿欧元，为欧洲带来600万个工作职位。与此同时，这一数字还在显著增长。根据一些狂热爱好者的观点，创造力注定要在全球经济竞争中扮演越来越关键的角色，因为现代挑战的成败在于思维的力量与创新，有时它甚至比价格还要重要。

所谓的**"知识经济"**是一种新型工业，这种工业的基础是发散思维，而不再依靠肌肉或机器的力量。说这种经济是"知识的"，因为它涉及专利、商业机密以及各种专业知识，不过我们也可以称之为创造力经济，因为起点和终点总是价值的创造。我们很难说创造力经济是从何时开始的（也许早在印刷术发明前就有了），不过我们可以肯定的是，未来还有大把时间可以让它来扩张、完善，并增强它对世界的掌控，如今电子交流方式已经让你能够轻松跨越地理和时间障碍。举个简单的例子，知识经济驱动谷歌在华尔街拥有比十个福特、通用汽车和菲亚特克莱斯勒的总和还多的市值（2021 年 2 月）。在这个时代，创造力无疑是最有价值的经济资源。因此，学会培养创造力是非常有意义的一件事。

任何一个大脑都具备一个整合系统，由众多区域组成，这些区域会在用户将注意力由外界转移到内部世界时激活。2001 年人们发现，默认模式网络，也就是大脑机制的"起步"模式，是反思思维的神经元基础，既包括对自己的思考也包括对他人的思考；既包括对于过去的记忆也包括对于未来的预测。精确地说，模式网络会在你思维神游、做白日梦时启动。因此也会在你运用想象力以提升创造力等级时启动。

默认模式网络包含众多分散的大脑区域，但这些区域之间由轴突紧密相连。和其他复杂的执行功能一样，前额叶皮层大范围地参与了这一机制。此外，部分（位于胼胝体上方的）扣带回、颞叶、额叶和海马也有涉及。而且我们也不能否定默认模式网络也与自我感知和意识相关。

习惯创新和发明的人都知道，要想达到那种与抽象化和发散思维相关联的特殊精神状态，就要经过一个能够打开想象力大门的奇特的精神集中过程。这种状态就像是一个开关，可以开启大脑的创造力模式。在《学习之道》（A Mind for Numbers）一书中，奥克兰大学工程学教授芭芭拉·奥克利（Barbara Oakley）称之为**发散模式**。简言之，"发散模式"是一种"横向"思维，能够观察到一个问题的所有方面，并且通常与默认模式网络相关，而与"专注模式"对立，后者是前额叶皮层的理性和分析性的注意力。没有任何一个大脑，包括你的大脑在内，能够同时开启这两个系统。

关于如何发展想象力，至今为止人们采用的办法（包括跨国企业）都在不断更新交替，显然这是因为并不存在一种固定的创造力模型。每个人都有机会根据自己的爱好或倾向找到最恰当的方式，只需懂得我们真的可以滋养想象力就行了。如果将一个 50 多岁的经理拉去参加创造力实习的话应该会很有趣吧，其实最适合开始培养创造力的时期应该是上学的最初几年。儿童拥有想象的天赋，随着成长，这种能力既可以被培养也可能被抛弃，这主要取决于他们的想象力活动是受到鼓励还是受到打击。

"创造力就是找到事物之间的联系。"苹果公司的史蒂夫·乔布斯（Steve Jobs）曾经这样说，"如果你硬要问那些拥有创造力的人是如何想象新事物的，那你就会把他们逼入困境，因为他们根本没做什么特别的事情，他们只是看到了别人没看到的东西罢了。"

你一定见过比你更有创造力的人。但请不要让这一现象误导了你。想象力是大脑完整的一部分。请想象你能做到多少事情吧。

想象力启动	想象力关闭
发散思维和趋同思维	趋同思维
使用动力—注意力—知识坐标	使用懈怠—不集中—无知坐标
相信想象力可以增长	相信想象力只是注定拥有的人才能使用
学习如何开启"创造力模式"	试都不试一下

7.5 决策

你可能会同意这样一种说法：每个重要的决定都是由理性计算从众多可能性中精心筛选出来的。这种说法对吗？还真不一定。

埃利奥特曾经是一个幸福而成功的人，他是一名骄傲的父亲，也是一家公司优秀的经理。直到有一天，一个肿瘤长在了他的额叶上。这颗肿瘤没有手术切除，但却完全改变了他的内心世界。他就像是远离世间一切似的，不能感到一丝一毫的情感，甚至就连关乎自身的感情也没有。葡萄牙神经科学家安东尼奥·达马西奥（Antonio Damasio）在他的作品《笛卡儿的错误：情绪、推理和大脑》中讲述了这位匿名患者的故事，情况远比这更加糟糕。埃利奥特的情感通路被阻断也为他带来了难以想象的副作用：没有感情之后他并没有变得完全理智，而是彻底丧失了任何决断的能力。他大脑其余的部分还能完好地运转，智商也在中上等，和以前一样。但他却完全不能决定吃什么或用哪支笔来记笔记，他也因此在短时间内遭到了妻子的遗弃并丢掉了工作。不过也因为埃利奥特，如今我们知道情感并不是阻碍决策的因素，而是正好相反。

达马西奥在这本书的第二版序言中写道："当我们说某人太过感性时，我们通常在隐晦地表达这个人缺乏判断力。在大众文化中，最有逻辑性、最聪明的人都是那些能够管理自己情绪的人。"所以，理性需要情感的支持。正是因为这一点，他才指出笛卡儿犯了"错误"：身心并不是二元且分离的。[1]

如果你也同意决策（即做出决断的过程）是日常生活、社会生活和世界经济系统基础的话，上面这个结论就很关键了。所谓的神经经济学是通过研究人类行为，权衡消费者理性和感性，以将产品购买决策最大化的科学。这也正是你应该了解的。

拖延、依赖和虚假记忆展示的都是大脑非理性和冲动的一面。假设不存在"第六感"（因为从来没有人能百分百依靠第六感命中所有

1　编者注：笛卡儿的身心二元论主要见于他的《第一哲学沉思集》中的第二和第六沉思。他认为，每个人都由身体和心灵两种完全不同的实体组成。身体与心灵都是可以独立存在的实体，心灵能够独立于肉体而存在。

目标），作为阈下能力的直觉就会负责做出瞬间判断，并不需要太多的信息，客观上来讲它是我们非常可贵的一种资源。尤其是当我们需要快速做出决定，而没有慢性思维和反思思维的工夫时。不过，这种靠"脚后跟"做出的选择也确实经常带有被直觉掩盖的认知偏见，因此也有大错特错的风险。众多可能偏见之一就是，直觉如果猜准了一次，那么下次也一定能猜中——可能吧，得看情况。

决策的执行功能应该是在前扣带回（额叶下方）、眶额皮层（眼睛的正后方）和前额叶中央皮层（更靠后）中完成的。这些区域与灵长类大脑、哺乳动物大脑和爬行动物大脑的其他区域（包括小脑在内）密切相连，正是这些连接让理智、情感和冲动的共存有了生理基础，也让它们之间的交替成为可能。

推理和直觉都不会永远成功。除了情感之外，它们还受到一天中的不同时刻、系统得到的营养、实际睡眠时长、近期经历的事件和主体存在的环境相关。举个简单的例子，我们建议你不要在午饭时间去超市，因为饥饿会促使你购买一些你永远也没机会吃的食物。

一般情况下，越是重要的决定就越需要仔细思考。既是为了以更多的信息改善价值判断、完善理性分析，也是为了能赶上最佳的生理和心理时间：最典型的就是睡过一觉之后。但这并不意味着可以像珀涅罗珀织布[1]一样永远延迟一项决定。

对于一些可能的认知偏见（包括饥肠辘辘的时候，也包括盲目相信直觉的时候）保持清醒有时会很有帮助。比如，如果你也同意在饥

1　编者注：《荷马史诗》"奥德赛"中，奥德修斯在战争结束后久未归家，有上百位青年觊觎他的财产和妻子，纷纷向他的妻子珀涅罗珀求婚。珀涅罗珀相信丈夫没有死，就想尽办法拖延时间，说等她把寿衣织好后就会改嫁。于是她白天织布，晚上又把织好的布拆掉，这样反反复复拖了很长时间。

饿时去超市采购是很不理智的行为的话，那你就可以试着去改变一下方针：换个时间去、先吃点东西，或者坚定不移地遵循 4 个小时之前仍然饱腹时列的购物清单。理智绝不是可有可无的，我们每天的生活中都需要用到。只是我们要放弃"经济社会的人类能做出完全理智的选择"这类想法，尽管这是经典经济学的根基之一。因为，它根本就是错的。

决策（decision-making）和解决问题（problem-solving，即为问题寻找策略）一样，需要有动力、注意力、知识以及想象力的支持才能起效。显然，问题接踵而至，人这一辈子遇到的岔路口可能相当关键，既可能带你敲开大脑的幸福大门，也可能引向全然相反的道路。

一项选择可能时机不对，也有可能天遂人愿。结果有好有坏，没办法用推理或情感来衡量。错误是用来让我们学习或让我们从头开始的，正是因为这一点，人类真的可能随着时间的推移而变得越来越睿智。

决策力启动	决策力关闭
知道决定是受情绪影响的	以为一切都在理智的控制之下
选择是否或合适听从直觉	完全依靠直觉
如果可以的话，选择最佳时机以做出最佳判断	延迟决策时间以便根本不做判断
了解自己的认知偏见并仔细衡量	偏见？什么偏见？

7.6 认知控制

棉花糖并不是一种非常吸引人的甜食。美国战后经济繁荣时期，棉花糖被投入工业生产，由药蜀葵（Althaea officinalis）、糖、鸡蛋和明胶制成。它看起来是一种有弹性的小圆柱，比巧克力的诱惑力差远了。然而在 20 世纪 70 年代，当斯坦福大学开始尝试进行一项十分有趣的实验时，棉花糖被写入了心理学的历史。

一群四到五岁的儿童被安排坐在一张桌子旁，桌子上面放着棉花糖。研究员会对他们说："你待在这里，我十分钟之后就回来。如果你能忍住不吃这块棉花糖的话，我回来之后就会再给你一块，好不好？"然后研究员离开。视频中，小女孩小男孩满怀爱意地看着糖果，又试图当个好孩子忍住诱惑，非常有趣。他们睁开双眼窥见了**延迟满足**的世界——这是一种人类独有的能力，能够让我们放弃多巴胺能奖励，以换取更大、但时间上更加滞后的奖励。

有趣的是，斯坦福大学的研究员继续长期跟踪这些儿童的成长，以寻找有意义的相关统计学数据。那些幼年时能够抵御棉花糖诱惑的儿童（抵制诱惑的方法也经常非常巧妙，比如躲在桌子下面，这样就看不到了），长大之后达到了更高的教育水平，体重指数也更低。换句话说，在成长过程中他们学会了控制自己不受"不学习"和"吃完全部巧克力蛋糕"的诱惑。

延迟满足是认知控制中最突出的特性之一，正是因为这一过程我们的行为才会持续为适应环境要求而进行调整。或者反过来说，通过延迟满足过程，个人目标和计划才能对行为产生影响。

很明显，认知控制与意识的概念或自由意志的概念相关，它在我们四岁左右的时候开始发展，到青少年时期为止会不断增长。16 岁左右时会出现一个冲动性的巅峰，20 岁以后固定下来，以保证成年之后的稳定性。20 岁之后，认知控制开始下降。重要的功能，如注意力、工作记忆或是情感管理都在很大程度上取决于认知控制，认知控制出现问题时就会带来很多神经心理问题。

围绕着延迟满足的还有**抑制控制**的概念，指的是大脑为对另一个不同的目的做出应答而抑制冲动的能力。最经典的例子就是,我们能忍住不对上级破口大骂,只为保证月末能平安拿到薪水。习惯和依赖也都是抑制控制中断或出问题的例子。就像很容易情绪失控,或者轻易被感情所左右,不论这样是好是坏。情绪不稳定程度是人格的重要指征之一,不过在没有故障的情况下,我们完全可以改变或减轻情绪不稳定带来的不良影响。

另一项十分重要的抑制控制是**排除无关思想**。你很清楚,你的大脑能够生出非常稀奇古怪的思想,喜剧、恐怖片应有尽有。你可以选择顺着思维随波逐流,甚至能制造出更加可笑或是更加悲惨的想法来。学会适时终止、根据个人意愿远离这些思想对于你和其他用户的身心健康来说非常有帮助。焦虑状态经常和我们不能及时中断的思想恶性循环相关(这些思想并不总是无关的,比如参加葬礼或心理创伤之后)。

不出所料,在这个清单上我们还能开心地加上**压力控制**一项。低强度的压力有助于某些认知功能,高强度压力如果持续很长时间的话就会对机体和大脑产生毒性。你要不惜一切避免该情况的发生。好吧,怎么做呢?

这本手册大胆地总结了大脑这一最复杂的存在物。不过如果要真想总结全部 70 亿神经元传递的东西和整个人类传递的东西的话,就有些过分了。认知控制在那个挤满动作电位的闹市里比大脑本身还要复杂。人类奇妙的多样性是凭借行为与反应、感知与幻觉、希望与失望的波动来实现的,在时间的长河中于波峰波谷之间徘徊。

神经元可塑性等的发现、成长型思维等的猜测以及积极心理学那样的实验性结果都大范围地颠覆了以前那种大脑状态静止不动,由上天注定的陈旧观点。没有事先定好的命运,人类不是自身个性的奴隶，更不是周身环境的奴隶。此外，每个大脑都应该主动握住自身认知控制的操纵杆。

的确，从幼年时期就开始训练延迟满足是非常有益的，就像阿莎·菲利普斯（Asha Phillips）在书中说的那样：勇敢说"不"有助于成长。不过成年之后再学习也是可以的。抑制控制不只是对保证自己不被开除有用，对于所有社会性关系活动来说都是必须的。比如说，社会并不欣赏轻易失去耐心的大脑。无关思想可能会阻碍精神集中、学习、研究、工作等；如果这些思想都会引起焦虑，那么就可能导致抑郁症。一般来说，这种控制都是在大脑发育的年轻时段学习，不过如果付出一点努力和练习的话，成年之后也是能学会的。此外，懂得识别长期压力并不惜一切去缓解这种压力，也能为综合认知系统的完整性作出贡献。

那些没有抵御住棉花糖诱惑的孩子，40年之后都变得更胖更没文化。不过其实在那40年间他们可以改变道路和方向，只要他们知道怎么做就行了。

好了，现在你的大脑没有理由推脱了。

认知控制启动	认知控制关闭
学习延迟满足	今朝有酒今朝醉
学习控制冲动	"您可真是个大笨蛋……"
学会压抑无关思想或焦虑思想	反复咀嚼的痛苦乐趣
学会掌控长期压力	压力爱来就来

型号

大脑是根据两种可能版本制造出来的。F® 型（女性型）是基础版本，而 M® 型（男性型）则在制造阶段需要一系列的修正。

想要的版本不能提前预订。这一点的原因关系到组装方式，那是由一个可以说是随机的现象决定的。

女性的卵子和一颗单独的精子结合，将母亲一半的遗传基因和父亲一半的基因融合在一起。母体的第二十三对染色体（也就是性染色体）是 XX，所以卵子携带的性染色体永远是一个 X。而父亲一方的性染色体是 XY，精子可能携带着 X 和 Y 之中的任意一种。如果受精竞赛中 Y 胜利了的话，你的大脑就会是男性版本的。如果是 X 赢得比赛的话，你的大脑就是女性版本。安妮·博林[1] 被亨利八世杀死是因为她没有给他生出一个男性继承人，现在这理由看起来实在荒谬。

可以肯定的是，F® 型永远是基础型，在前 8 周的

1　编者注：安妮·博林（Anne Boleyn，1501—1536），英格兰国王亨利八世的第二任王后，女王伊丽莎白一世之母。1533 年与亨利八世结婚，3 年后被处死。

组装阶段中（也被称为"妊娠"），所有大脑都是统一的女性型。不过从那时开始，男性型大脑会释放睾酮，引起一系列细微而根本的结构变化，然后在接下来的 30 周组装期内完成一个崭新的 M® 型大脑，与功能完好的身体相连，最终能够独立支撑自己的生命。不过故事到这里还没有结束。在整个组装过程中，大脑直接和母体生物工厂相连，与母体共享血液、营养和激素。激素会影响带有女性型和男性型特征的大脑结构，以某种方式混合这些特征。可能这就是 F® 型大脑经常说的自己"男性的一面"和 M® 型大脑说的"女性的一面"。

综合所有这些原因，有人认为这两种版本其实并不是完全不同的，只是同一种版本加上交织的多种特征。大脑就是大脑。

然而，两种型号的大脑拥有的操作功能却表现出显著的差异。将二者放在一起做一个比较一定会非常有趣，当然这也得益于这些大脑自带的幽默功能。

8.1 F® 型和 M® 的比较

没人想过母狮子可以和公狮子行为特征一致，也没人会想公鸡和母鸡长得一样。现在你也能想象女人和男人之间的差异有多么复杂。人类行为的二态性相当明显，所以有很长时间人们都认为大脑结构也划分得如此清晰。这里的悖论是，大脑结构差异其实根本没有那么明显。每当有研究宣称两个型号大脑之间的差异时，一定会有另一个研究出来证明事实正好相反。差异当然存在，但并不像这两种人在行为上所表现出来的那样分明。

下方的列表为你展现了人类二态性中最根深蒂固的想法，但并不能以绝对的心态去解读，而只是统计分布中的主导因素，有时两个大脑型号之间的差异甚至微乎其微。

F® 型 （XX）	M® 型 （XY）
X 染色体包含大约 1500 个负责合成必需蛋白的基因，对大脑发育也很有帮助。两个 X 染色体制造的 F® 型大脑拥有双重保障	Y 染色体组（被认为是"基因沙漠"）只有不到 200 个基因，其中只有 72 个可以负责合成蛋白质。M® 型只有一个 X，没有备份
最有效率的大脑（消耗葡萄糖的比例更小）	比平均大小大出 10% 左右（与身体相比）
大脑皮层更厚，丘脑更大	杏仁核、海马、纹状体和壳核更大
胼胝体的结构更复杂	胼胝体的结构更大
半球间连接更多，其中有一些能够促进分析思维和直观思维之间的交流	半球内连接更多，其中有一些能够促进感知和行动之间的交流

与人们长期以为的正相反，两种认知系统之间并不存在显著差异。此外，与人们长期的歧视相反，智商测试也并未表明二者的不同，曾经 F® 型在智商测试中的表现要稍低于平均值，因此女性一度被认为低男人一等。在这一偏见被消除之后，智商测试之间的差别也不复存在了。

可是二者带来的行为差异还是显而易见的，而且这一差异从幼年时期就已经显现出来了。不过这里也牵涉到反复出现的问题：自然和文化谁的影响更大？女孩子喜欢娃娃，男孩子喜欢卡车，这都是出于他们的基因选择（以及各自的激素特点），还是因为女孩男孩都会根据通常的模仿与奖励过程去学习如何表现行为？或许自然因素更占主导地位，但后期文化的影响也很重要。

F® 型（XX）	M® 型（XY）
语言能力较强（说话较多）	数学能力较强（说话较少）
在感知他人情感方面（同理心和社会关系）击败 M® 型	在时空导航（方向感）方面击败 F® 型
情感经验更强烈，情感记忆更深刻	高估自我能力
压力（比如考试前）会降低表现力	一定程度的压力能增加他们的表现力
行为受到控制	倾向于冒险
和其他同性朋友保持目光接触和面对面接触	和同性朋友之间没有目光交流，保持同向或有角度的相对位置
近期社会变化为其增加了做首席执行官、服兵役、享受性行为的可能性	近期社会变化为其增加了产假许可、在电影院可以哭的许可和使用化妆品许可

　　雄性孔雀的扇形尾巴颜色艳丽，比雌性孔雀的尾巴更加华丽（也更加笨拙）。这就和世界上其他所有性别二态性一样，有着非常精确的进化意义：获得支配权。

　　所以当我们在讨论性别话题以及性别对我们祖先产生的影响时，自然会提到两种型号各自拥有的"优势"。

F® 型（XX）	M® 型（XY）
对待性问题比较保守，但排卵期除外，在此期间（可能是在阈限下水平上）会展现得更多	对待性问题不留余地，每天都想好几次。不承认的话就是在说谎
将性看作是一种工具（从进化的角度看，稳定的关系是维持子孙生存的重要一环）	将性看作是目的（从进化的角度看，散播基因是物种延续的重要一环）
选择伴侣时，地位比外貌更重要	选择伴侣时，外貌比地位更重要
自我评价越高，滥交的概率就越小	自我评价越高，滥交的概率就越大
嫉妒方面，将"情感出轨"看得更严重（有破坏关系的风险）	嫉妒方面，将"身体出轨"看得更严重（有破坏父子确定性的风险）

续表

F® 型（XX）	M® 型（XY）
交往阶段，占主导的是多巴胺、雌激素和催产素	交往阶段，占主导的是多巴胺、睾酮和抗利尿激素

　　两种基因组之间的差异（从 X 和 Y 染色体开始）以及各自激素系统之间的差异也让两种型号的大脑会遭受不同的主导疾病。只有当医学最终能为两个型号中的每一个制定、量化专属处方时，我们关于个人定制药物的未来梦想才有可能实现。

F® 型（XX）	M® 型（XY）
抑郁症、焦虑	自闭症、精神分裂
购物（也有人说 F® 型倾向于赌博，但实际上她们比另一型号赌博要少得多）	酒精、毒品、赌博
经前综合征能带来 200 种可能的生理和心理症状，可以持续 6 天，会暂时改变世界观	大脑结构不能理解经前综合征在 F® 型大脑中规律性地每 28 天就发作一次
不易患血友病、杜氏肌营养不良以及（几乎不会出现）色盲	不易患蕾特氏症
"弱势性别"的痛觉承受力更高	"强势性别"大概承受不了分娩痛

　　关于两种型号差异的清单还能无线列下去。简化一下，我们再加上另外五点。

F® 型（XX）	M® 型（XY）
95% 的百岁老人是女性	5% 的百岁老人是男性
可能存在就业歧视	平均工资更高
女权主义往往受到支持	大男子主义往往被谴责
某些情况下可能不交罚款	某些情况下可能不承担责任
经常问"为什么男人不能像女人一样思考？"	经常问"为什么女人不能像男人一样思考？"

曾经漂泊症被认为是一种会带来严重后果的精神疾病。这种疾病发现于 19 世纪中期，美国外科医生塞缪尔·卡特赖特（Samuel Cartwright）在一篇论文中写道，这是一种无法解释的人格疾病，会促使奴隶逃跑。

近两个世纪后的今天，我们大可嘲笑这种从头到尾都是虚构的疾病，而同样也值得嗤笑的还有很多想象疾病，比如"同性恋"，直到不久前的 1973 年[1]都在精神疾病名单中占有一席之地。几个世纪以来，这些范围巨大的"不正常"表现，从长期压力到阿尔茨海默病，一直以来都受到不同程度的污蔑。你可能会成为村里的傻子、被关进疯人院的疯子或是需要被烧死的巫师。如今你也可能因为长期抑郁而遭到排斥，或是因为有自闭症而感到丢脸。

不，你的大脑肯定不是完美的。进化在复杂结构之

1　1973 年，美国精神医学学会（American Psychiatric Association）以多数票通过了将同性恋从《精神疾病诊断与统计手册》（*Diagnostic and Statistical Manual of Mental Disorders*，精神疾病的"圣经"）中删除的决定，但直到 1987 年才更新版本。而由世界卫生组织编纂的不限于精神疾病而包含全部疾病分类的《国际疾病与相关健康问题统计分类》则直到 1992 年才将其删除。

上又捆绑、复制、增加了更多结构的进化过程中，有时候也会增加缺陷。基因信息刻写在每个神经元内，很可能将其带入某种精神疾病。但基因的"预制"并不等于说命中注定：关于同卵双胞胎（基因组100%一致）精神分裂症的研究表明，一个个体患病时，另一个受影响的概率仅为50%。基因的作用非常强大，但不意味着注定如此。

此外，大脑也会受到创伤的影响，根据受创大脑区域的不同会造成各种无法预测的影响，包括人格变化等。更加严重的心理创伤甚至会整个改变一个人的价值观和世界观，或者变得什么都不在乎（关于这一点至今也没有合理解释）。

这个世界上没有两种抑郁症是完全相同的。也没有完全相同的恐惧症、依赖症或是会在不同人类身上出现同样表现的病症。根据帕金森病医生和阿尔茨海默病医生的大致描述，可能甚至连神经退行性疾病都不会出现完全一致的两个病例。更不用说自闭症了，对这种疾病的说明采用的是**自闭症谱系障碍**，正是为了表明我们面对的并不是单一颜色，而是整个调色盘。

我们可能遭受长期抑郁症困扰但同时又能正常生活，有时也会全然被其摧毁。我们可能患上某种形式的精神分裂症而并不出现幻听。我们也可能对游戏、购物甚至是海洛因产生依赖，又或是因此整体垮塌。其实就连精神疾病与"正常"状态之间的分界线也是如此地飘忽不定，正常一词也因此需要加上引号。你是怎么定义"正常"的呢？

一项英国的调查估计，每四位居民里就（至少）有一位受到精神疾病的困扰。如果我们相信这一数据，那么地球上生存的78亿人大约有19亿人是精神疾病患者，相当于全部欧洲人口加中国人口的总和。

太难定义包含其中的种类与人群，将一个国家的平均值应用于全世界也没有意义，因为相对于亚洲和非洲来说有一些疾病在西方更加普遍。不过有一个事实是可以肯定的：由大脑造成的精神性问题比我们想象的要更常见。

现在我们选择一些种类的问题（远比不上实际的完整）向你进行展示，只为让你了解一些你的大脑可能会经历的一些最常见的困扰。下文分成两部分，以清楚地区分大脑可能会犯的**计算错误**（比如联觉等几乎完全无害的情况）和真正的**故障**，这些问题可能导致上千种可能的疾病，需要引起专业人士的关注。

9.1 计算错误

分心是一种最普通的计算错误，但如果出现在高速路上就可能造成生命危险。视错觉也是一种计算错误，但肯定没有幻觉那样危险。对不存在的东西产生错觉也是计算错误的一种，比如感受到幻肢或者幻想自己生活在一个所有人都在背着你搞阴谋的世界。

极端人格也可以被写入计算错误之列，比如自恋（"我就是上帝"）或是自卑（"我什么都不是"）。或者还有一些心理疾病，比如"反社会人格病症"，主要特征是缺乏同理心，自我主义过盛，从不后悔。

有人害怕自由攀登，有人整天戴着口罩因为恐惧微生物。有人周六晚上参加一场又一场派对花天酒地，还有人受到恐人症（害羞的病态极端形式，表现为害怕人类）的困扰。有人喜欢乘飞机旅行，渴望攒够著名的一千万航空里程（就像乔治·克鲁尼的电影《在云端》一样），也有人恐惧得哭泣颤抖，不敢进行洲际飞行（就像几年前悉尼—迪拜的那次航程）。

在智人大脑大范围的可变性之下也隐藏着大范围可变的计算错误。并不是所有错误都是"病症"，也不是所有错误都是天注定的，不过在某些情况下这些错误也很糟糕。我们现在按（估测的）严重程度顺序为你进行展示。

9.1.1 联觉

弗朗兹·李斯特（Franz Liszt）、瓦西里·康定斯基（Wassily Kandinsky）和艾灵顿公爵（Duke Ellington）之间有什么共同点呢？他们三个人都拥有联觉。在他们的大脑中，一个通道的感觉（比如听见声音）会引起另一种感觉的激活（视觉颜色）。

但联觉这一主题的变种非常多，比如李斯特就是一例。有人看到某物时会感觉到触碰了这个东西，也有人在触碰时感觉看到了它。有人听到某些词的发音时会有味觉感受，比如听到"冒险"这个词觉得有一点树莓味。有人能将字母、数字、日期和月份名词与人的形态身份相关联，比如周四就是一个肥胖、易怒的男人。有人的联觉是听觉－触觉的，他们会将物理信号转变成声音应答。如此还有很多，还有数十种相互交织的感觉可能性。

通过 YouTube 很多人都发现自己也拥有可能和联觉相关的能力。ASMR（autonomous sensory meridian response，自发性知觉经络反应）能够在颈部后方制造出一种独特的、令人愉悦的物理感受，引起这种感受的可能有两种现象：听到耳语声音或是轻微的摩擦音；更奇怪的另一种是，能看到某人在做精细的手工活动。

联觉大多是愉悦的，而且很明显对艺术创造有积极作用。不过，有时联觉也能变成折磨。联觉的一个分支叫作**恐音症**：在听到特定的声音或噪音时，患者会体验到恐惧、憎恶和恶心。

根据某些人的说法，联觉可能来源于婴儿时期缺乏某些神经元连接的"修剪"，导致其中一些感受通路之间交流过密。

9.1.2 安慰剂和反安慰剂

大脑在自己跟自己说事情不会变得更糟糕之后可能会变得相信这一点，有时甚至真的能够让自己振作起来。但想要欺骗中枢神经系统就只是这么简单吗？智慧的中心也是疑惑和猜忌的中心，它真的有可能轻易被牵着鼻子走吗？如果你的朋友圈中有人是职业诈骗师或外科医生的话，你可以试着问问他们。两种人都会给你肯定的回答。不过你要知道，医生能给你讲的故事会更加出乎你的意料。

让患者相信自己正在经受的治疗能够缓解疾病症状，关于这一点几个世纪前的医生们就已经察觉到了，但直到 20 世纪这一怪异的心理学现象才被赋予了"安慰剂"的名字。在拉丁语中，安慰剂一词"placebo"的本意是"我会安慰"。这一现象被假药甚至是伪装手术反复证实，可算是非常深的一个谜团了。我们知道这一现象可能和神经递质相关，也和大脑中很多区域的激活有关，从重要的前额叶皮层到情感的杏仁核都有涉及。不过我们也知道安慰剂并不能对所有病人都起效，而只是针对其中一部分人。人们怀疑两种人之间的差异存在于基因中，但我们对此也并没有结论性证据。

此外，这种心理学技巧能够愉快地欺骗大脑，不仅是药物，就连白大褂带来的整场医学仪式都能用于减轻一种疾病的症状，只是很少能够治愈疾病。安慰剂生效的时候，效果可以好到甚至制造出相反的作用：不愉快地欺骗大脑。笃定认为药能对机体带来负面影响的患者中，有些人真的感受到了疼痛，这是又一个大脑可能出现计算错误的例子。我们称之为"反安慰剂"（nocebo，"我会伤害"）。反安慰剂是同样一枚硬币的奇怪的另一面。

9.1.3 认知偏见

经济理论中，人被视作是完全理性、倾向于将自己的利益最大化的主体。也就是所谓的"经济人类"。只可惜这种关于理性的想法有些太过不切实际，因为思维的两个机制——意识的阈限之上和阈限之下——能够重新洗牌。这并不意味着"爬行动物"大脑就是毫无理性，或者至少是不必理性。这样说是因为，即使是在最理性的准则、思维和行为中，你也有可能受到一长串认知偏见的负面影响。

下面我向你展示十几种常见的认知计算错误，这还只是心理学领域中描述过的一小部分，不过大概你在日常生活中已经了解了其中几种。

幻想性错觉。相信视觉系统拥有在到达视网膜的全部影像中寻找固定模型的特殊能力，皮层也会从完全偶然的事件中推断出分解的模式，比如乐透彩票或是任何形式的占卜（茶叶、塔罗牌等等）。

赌徒偏见。与幻想性错觉类似。这种偏见让人相信，既然已经连续五次掷硬币都是正面，那么下一次掷出反面的概率就会更大。不过数学可不答应：每次掷硬币正反面的概率比都是 1∶1。

商队效应。倾向于相信某事，只是因为很多其他人也相信。历史记载中的所有惨痛的大规模疯狂事件都是这种计算错误导致的。

"事后诸葛亮"效应。过去的事件突然变得可预测了："我早就知道"需要三思。这很荒谬，然而证券市场里买卖股票的人都很清楚这种效应，却又很难将其抛弃。

确认偏见。任何新信息，尽管有时是假的甚至是矛盾的，都是对以前信念的确认，而且很明显还能反驳相反的观念。对于已经形成的固有偏见，这种效应更常见，比如宗教、政治、体育、信仰等。

衰落主义。纯粹地认为和过去相比所有都在变坏，在悲观主义螺旋中徘徊。很明显现实生活中的确有时如此。但"一切"和"永远"实在不太可能实现。

锚地偏见。第一个感知的信息成为理解下一个信息的下锚地。汽车销售商经常使用这个小技巧抢先抛出二手车的售价，这样之后不论什么形式的降价都显得很值。

保守偏见。新事物总是值得怀疑，不如以前的已有观点。

新奇效应。一切新信息，不论是怪异的、有趣的，还是带有强烈视觉冲击力的，都在认知机制中占有优先性，而其他已经认识的或是"正常"的信息都会被放在次要位置。电视新闻中，钢铁工人罢工的消息还没有一个人用蛋糕砸女王脸的新闻来得更令人印象深刻。

固有观念偏见。记忆系统是建立在联系和分类基础之上的，当大脑只能拥有部分信息时，完整信息就要通过关联机制来获得。嘿，这时候固有观念就出现了。

透明幻觉。的确，通过同理心机制，大脑能够感知到别人的精神状态。但感知和真正知道别人在想什么还是有很大差别的。如果你真的认为自己知道别人的思想的话，那我们很遗憾地告诉你这只是一场幻觉。

盲点偏见。如果你认为，这些偏见对于你对朋友、同事或家人想法的影响远胜于你对自己想法的影响的话，那也是你的偏见。

9.1.4 虚假记忆

"智慧是妻子，想象是情人，记忆是仆人。"19世纪有点政治不正确的维克多·雨果（Victor Hugo）的这句名言将智慧视作一种需要保存的属性，想象力则是出轨，而记忆是一种应有的服务。只可惜这种服务并不可靠。

　　记忆是重建的，不是再生的。用更简单的话来说，记忆不是一种视频录像，能够再现录制的画面，它是一个仓库管理员，将一个事件中的所有碎片重新组建起来，通过连续的思维联系将这些碎片串在一起。每次回忆都会让独立的记忆经受被轻微改写的风险，然后下一次回忆又会增加新的错误。只是在某些情况下，记忆会变得不再可靠。

　　大量的心理学实验和研究都清楚地表明，记忆是非常脆弱的，会逐渐衰退，会受到外界干扰，甚至可以相当轻易地被重新"植入"。这样一来就至少会引出某些问题。首先，著名虚假记忆研究学者伊丽莎白·洛夫图斯（Elizabeth Loftus）认为，在美国，有超过 300 名刑犯在几十年之后依靠 DNA 证据被释放，其中有四分之三的人都是因为至少有一名目击者记忆出现问题而入狱的。其次，虚假新闻通过互联网传播从 2016 年开始已经成为一种迅速蔓延的现象，从大脑的角度讲，集体的"听说"记忆和大量认知偏见也助长了这种现象的滋生。

　　在病理严重程度分级中，有一种虚假记忆，其症状与经历过创伤一样，只不过这些病症都是臆想出来的。洛夫图斯教授认为，这种症状通常会根据恢复过去记忆的疗法来进行治疗。

9.1.5 习惯和依赖

　　习惯是多么神奇的发明啊。它可以用来指导机器工作而不用每次都重新学习如何做事。它还帮助我们避免蛀牙，因为只要"安装"完成，刷牙的需求就会自然而然地出现。当然，它还帮助我们活得更加长久，比如，让我们特意锻炼身体、多喝水或远离危险的习惯。

　　几百万年前，在模式的预制阶段，进化就已经改变了三种已有系统的结构和功能：包括学习系统（特别是条件反射）、记忆系统（关联机制）和奖励系统（多巴胺能动机）。显然，这些都在一个又一个世纪中得到进化，以便为你提供更加完整和快捷的服务，让你的版本与智人版本兼容。

不过，习惯又是多么令人讨厌啊。在一些情况下，它促使人们每次在看电视的时候就去进食，尽管没有饥饿刺激。它逼迫人们在喝完咖啡之后抽上无数支烟，尽管并没有欲望。它让我们冲动消费购买没有必要的物品——只要心情变差就会发生。所有都是完全自动的，可以是明显自觉的，也可以是无意识的。习惯或快或慢地生根，但成长总是以增速方式进行的，最终制造出某种经典的巴甫洛夫式的条件反射。这时只要发出和别的什么东西（电视、咖啡、情感状态）关联在一起的特定信号，获得奖励的灼热欲望就会被点燃：一块蛋糕、尼古丁、数不清的只能扔在衣柜里的旧衣服等等。

当欲望无法被压制，变成强迫性的、无法舍弃的时候，习惯就会真正变成坏事。这就是依赖。

有一种外源性物质（食物、酒精、尼古丁和各种毒品）带来的依赖能够刺激奖励系统，大多情况下是通过大脑内预先安装的特定感受器（比如大麻类物质和阿片类物质的感受器）来实现的。毒品依赖带来的后果是毁灭性的，因为其耐药性（加大剂量的需求）、抗戒断性和复发性都十分强烈。实际上很少有强度能超过海洛因和可卡因的物质。戒烟的人能感受到对尼古丁的生理需求，不过戒断效应不会持续超过六天。让戒烟难以实行下去的东西其实隐藏在意识阈限之下。

不过还有一种依赖源自表面行为，并非所有这些行为都是原本就能预见的。在最近的一万年时间里，科技进步的加速度大得惊人。这段时间太短，不足以让进化跟上步伐。就像购物、电视、电脑游戏、色情片或是赌博，它们都能在需要的时候胜过理性占得上风。新加入的一点也不能忽视：从 21 世纪初期开始，我们每个人都可以接触到全球性的互联网，结果就是冲动消费、自我性满足和扑克牌等每年365 天、每天 24 小时都是唾手可得的。何况还远离监视。

不是所有大脑都同样地倾向于将每种多巴胺能享受转化成无法摆脱的痴迷。有些大脑既不会吸烟成瘾也不会看过多的电视。更多的大脑在生命中的各个方面培养起了一些轻微的坏习惯（比如咬指甲、忍不住刷微博）、表现性坏习惯（比如易怒、只看事物的消极面、不做体育锻炼），有时也会发展出一种或多种可原谅的依赖症。

然而有的大脑是真正的"没大脑"。去拉斯维加斯看看就知道，在那里，赌博、尼古丁、酒精和性在人群中愉快地交替出现。这些大脑和依赖症的严重表现之间是被一种纽带，有时也可能是遗传纽带连接的。这种情况下最好去专门针对这一问题的卫生机构或相关志愿机构寻求帮助。相关用户有必要认真对待这一问题。

不过，形成习惯和形成依赖的机制基本上是一样的。每天上床睡觉之前或是早上醒来的时候，我们都会对自己发誓不要再这样做了，因为这些行为是我们既渴望又痛恨的：别再痛饮那杯折寿的饮料了，别再贪玩浪费时间的游戏了，别再往嘴里塞满那种让腰围暴涨的零食了。这是很理智的想法，不是吗？可是过不了多一会儿，自己打破自己的誓言又变成了绝对理智的行为，至少从迅速满足奖励系统的角度来看是相当理智的——计划明天再说。如此循环往复。

奖励系统自然也包括一小部分有意识、自主的方面（比如将工作做好的愉悦感），但这一方面受到大脑原始部分的支配，让我们更偏爱即时的快乐。学会推迟快乐在一生过程中都是非常有用的一项能力，这样的习惯能够在任何一个系统中培养起来。但如果没有人在生命的最初几年告诉大脑什么不能做的话，那这项能力就不能正确进行安装。原因在于：我们习惯的世界是一个并不存在的安乐乡。

同样我们也十分高兴地告诉您，如果能够培养积极的反向习惯的话，就能卸载并不想要的习惯，包括那些看起来已经失控的习惯。利用这个技巧，理性大脑就能够改变、影响自动大脑，甚至取得控制权。

美国记者查尔斯·杜希格（Charles Duhigg）在他写的《习惯的力量》一书中给出了精准的总结。假设有一个大脑有一个坏习惯，每天3点钟的会议结束后都要去咖啡馆吃一块蛋糕，也不顾他体内胆固醇指标已经非常理性地告诉他最好别吃。会议结束就是**信号**，咬下一口巧克力蛋糕就是**习惯行为**，最终带来的内啡肽、多巴胺和糖类物质的释放就是**奖励**。请原谅我用的是这个平庸的例子，还需要你自己来根据最接近的习惯来对号入座一下。但是，归根结底，这类问题的治疗方法在于认清激发此类需求的信号，然后在这个同样的信号之后用另一个习惯替换原来的习惯行为，并给予这个新习惯某种奖励，很小的奖励也可以。

比如，3点钟的会议结束后，那个大脑可以去跟同事聊聊天（社交活动能让大脑产生多巴胺），同时喝一杯水（想象自己未来拥有魔鬼身材，更加性感的样子）。最开始不会太愉快，但反复这一循环不久之后就能够消除消极习惯。再努力一些的话就连依赖也能去除。

当然了，嘴上说总比实际做要更简单。不过有个清晰的基础概念是不会错的：自动的恶性循环可以被良性循环打破，使用的还是同样的机制。原因就在于，你的大脑是可塑的，请谨记这一点。

9.1.6 长期压力

3 亿年前一只爬行动物的生活（不太现代的生活）可能比起你在今天的生活还要更加费神。不过，如果仔细想想的话，直到几个世纪以前就连人类的生活（在没有公正的法律、没有超市、没有空调和抗生素的时代）也是很有压力的。压力绝不是直到近几年才发明的东西，它之所以被进化出来，也并不是为了面对咄咄逼人的领导、会计截止日和高速路堵车大军的。

比如在恐惧的情况下，下丘脑不会耽搁时间来回应压力：它命令肾上腺立即生产肾上腺素。这种激素是为了战斗或逃跑而存在的，它能提升血压和心跳速率，从而让血液快速流过肌肉，既是为了出击，也是为了快跑。如今很多大脑（当然并不是全部大脑）都会对此产生非常愉快的感受，它们自愿付钱去看惊悚片，或是背着降落伞从悬崖上跳下。

可是如果警告是持续性的，肾上腺就会为自己的弓上架上另外一种箭：皮质醇，通常被称作"压力激素"。压力和恐惧之间的区别存在于第四维度——时间。恐惧的诞生是为了避免成为猎食者的下一餐，所以持续时间也只是求生的必要时间：一场几分钟的战斗或逃离。压力则是强烈焦虑状态导致的必然结果，持续时间延长至数月或数年，起因可能是挚爱离世、婚姻破裂，或者是恶劣环境下的残酷工作。你可以想象自己最"喜爱"的压力，想象这种压力无限延长，这时皮质醇水平就有过量的风险了。

千言万语汇成一句话就是，皮质醇抑制免疫系统，干扰内分泌系统而且尤其会攻击大脑海马，最坏情况下甚至会对其产生物理伤害。这就是为什么压力激素会对记忆机制和学习机制产生影响，此二者正是由海马控制的（这也正是学校不应当使用威胁或体罚的方式进行教育的原因）。

所以，压力是一种丑陋邪恶的东西，对不对？错！如果没有压力，就没有哪个运动员能够超越自我。"当球在你脚下，上千个声音在激励你向球门冲去，"优秀的足球运动员罗伯特·巴乔（Roberto Baggio）说道，"肾上腺素为你插上翅膀。"人们曾说，某种程度的压力甚至可以被当成娱乐。压力也可以增强创造力，比如当约稿合同即将到期的时候，压力让作者保持高度紧张的精神状态。大量研究都表明，正确剂量的压力能够增加工作的效率。只是不能让这个量超过限度（有些大脑对此非常在行），因为压力过大反而会导致效率下降。

在某些情况下，压力的程度不是有些过度，而是相当过度。这种情况就是**创伤后压力**，可以制造出超过限度十倍或上百倍的压力，包括对记忆造成的永久性损害。创伤后压力常发于强奸、暴力或幼年时受到虐待等事件之后。此外也有可能呈一定规模：美国退伍军人事务部官方宣称，越南战争中受到战后创伤后压力影响的人群多达 83 万。

压力本身并不是你中枢神经系统的计算错误。我们说，当负责压力机制的系统被过分活跃地激发并持续过长时间时，计算就会出现问题。对此，压力的管理对于认知控制来说非常重要，甚至是生死攸关的一部分。

根据世界卫生组织的报告，与世界其他地方相比，压力和其他精神问题在欧洲和北美更为常见。或者说，资本主义系统诞生的地方，以及某种意义上"现代化"的地方压力问题最为严重。

9.1.7 恐惧与幻觉

世界卫生组织的统计数据显示，对于未来的恐惧在西方世界比在世界上其他地方更加普遍。这种恐惧叫作焦虑。

总的来讲，焦虑指的是对于尚未发生的事件的担忧，不论这些事件是现实的、不现实的还是不可能发生的。大脑一成不变地对恐惧机制作出反应：激素释放引起心跳加速。如果你愿意的话，可以用自己做个实验：集中精神，闭上眼睛，然后开始在意识中想象一个你最害怕的事情，如此持续一分钟，仔细想象所有细节和后果，你会听到胸腔内心脏系统有所反应。不过练习结束一分钟之后，一切又都恢复如初。如果相反，负面思想持续在你体内循环，未被相反的积极思想所打断的话，就会被恐惧记忆的自动机制所强化，焦虑状态也就变成了长期焦虑，其变种成千上万，有的表现还不是很明显。

极端情况下，焦虑会演化成恐惧症，或是对某物、某事、某种情况的持续恐惧，有时也会表现为恐慌发作，其特征正是由恶性循环带来的，没有半点良性的东西将其解除。就算排除掉那些最常见、影响范围最广的恐惧症（如蜘蛛、蛇、开阔空间、狭小空间、公开发言、飞行，还有最明显的死亡），其他有正式记录的恐惧症还是数不胜数，比如逝去的时间、魔鬼、压抑、寒冷、太阳、红色、细菌、数字、气味、梦、镜子、性器官、被盯着看、独处等等。

这里并没有什么新鲜的：恐惧的神经元基础还是那些，与杏仁核和下丘脑—脑垂体—肾上腺通路关联密切。恐惧一般源自心理创伤，但基因也不是完全无关的。有证据显示，在很多情况下，认知-行为疗法能够减轻症状，有时甚至能够完全消除多种恐惧症。YouTube 上就能找到一些曾经有蜘蛛恐惧症的人如今很平静地手拿毛乎乎大蜘蛛的视频。

从最严重的疾病，但不一定是和恐惧有关的疾病中，人们也能观察到很多对某一特定事物执着的计算错误，被称作**单一主题错觉**。这种错觉可能来源于创伤、大脑损伤或更严重的精神疾病。有人相信自己的朋友或是亲人被别人冒名顶替了。有人相信自己遇到了好几个人，但其实这些人都只是一个，只不过被认为有多重身份。有人不承认镜中的自己是自己。或者还有人，大多是在中风之后，否认自己的左臂或全部右侧身体属于自己，最后这种情况叫作**身体妄想症**。

症状还可以更离奇。有**身体完整认同障碍**的大脑会认真地渴望通过截肢来失去自己身体上的某一肢体。

这些都已经是极端个例了，这些计算错误真正变成了故障。

9.2 故障

智人最终的进化阶段中发生了很多巨大的变化。在基因表达方面，这些变化增加了大脑活动、突触之间的连接质量以及突触的可塑性。有人认为这一复杂性的增加也让精神分裂症等**神经心理障碍**以及帕金森病等**神经退化性疾病**暴露出来。尽管别的动物也不是完全不受这些精神疾病的影响，但和它们比起来，人类在大脑故障方面似乎问题更多。

9.2.1 自闭症

盲人钢琴师德里克·帕拉维奇尼（Derek Paravicini）居住在伦敦，从两岁起就开始弹钢琴。如今他已经40多岁了，经常参加一些电视节目，节目中观众可以向他提出要求，凭记忆弹出任选的一首曲子。他大概记得2万首歌曲。德里克出生时是早产儿，而且在育儿箱中接受了错误的治疗，导致他双眼失明，而且还受到婴儿时期大脑异常发育带来的种种问题影响。如果他早出生一两个世纪的话，可能就会被马戏团带走或是被逼参加怪人表演。再早一些的话，没准会被终身监禁甚至直接被扼杀在摇篮里。

德里克有自闭症，和全世界大约 250 万人一样。如今自闭症已不再像当年那样被污蔑成魔鬼的产物，而是在很大程度上给予患者治疗与尊重。自闭症没有完全相同的两个个例，总结起来的话，他们会感到不同程度的人际关系障碍，伴有交流障碍、兴趣局限性（甚至是对某物执着），并偏爱重复性的行为。这些表现的程度差异非常大，有时会变成学者症候群，比如德里克或是电影《雨人》（Rain Man）中达斯汀·霍夫曼扮演的角色雷蒙。有些情况下障碍带来的影响很小，有些则很严重。

在自闭症体系的障碍症中，也包括一些神经发育性疾病，比如**阿斯佩格综合征**（对语言和智力没有影响，但患者对他人的理解能力受到限制），或是"待分类的广泛性发育障碍"（非典型性的自闭症，因为直到成年才会出现，目前尚未正式命名）。

可能民间谣言根深蒂固，但目前没有任何证据表明自闭症和疫苗注射有关。具体成因我们尚未确知，但基因遗传因素已由同卵双胞胎的大量个例得到了证实。主要受影响的是 M® 型大脑。

9.2.2 长期抑郁

给抑郁下定义是个很困难的事情，原因有两点。第一，"抑郁"一词既有不正式的用法（"我们输了世界杯，我真抑郁"），也指更严重的临床病例。后者的情绪失落可能是由中枢神经系统故障导致的，具体原因成千上万：自我免疫疾病、细菌或病毒感染、饮食失衡、内分泌系统失调、脑震荡、多发性硬化症、肿瘤或是其他精神疾病（比如**双相型障碍**，患者在抑郁状态和躁狂状态之间摆动），因此也需要更多的治疗和关注。

任何一个大脑在生命过程中都会经历一些悲伤但短暂的阶段（但并不算进故障行列之内），我们抛开这种情况不谈，长期抑郁是更加大型、更加严重的一种现象。根据世界卫生组织的统计，世界上大约有 3 亿人受到长期抑郁影响，而且预期中这一数字到本世纪中期还会有明显增长。悲伤、焦虑、杳无希望、空虚、无用感，有时还会有罪恶感。所有症状都会带来社交活动的减少以及普遍性的兴趣下降。原因是多种因素的混合，包括基因、生物、环境因素，当然也包括心理因素：悲惨的经历可能会引发连锁反应。美国国家心理健康研究所（National Institute of Mental Health）曾指出："临床抑郁症表现为每天都会出现症状，至少连续两周。"可能两周还算短暂，但如果这一现象延长，抑郁状况加重或改变，就必须寻求专业人士的帮助。

近 20 年中，抑郁症的概念终于得到了普及。抑郁症是由大脑中化学或生物电失衡导致的，而很多世纪以来人们对抑郁症都怀有很深的排斥感和误解。并非出于偶然，如今新的社会形态已经允许医药公司开拓电视销售市场，以售卖选择性 5- 羟色胺再摄取抑制剂（SSRI）（美国法律允许这一行为），就像治疗咳嗽的广告一样稀松平常。

选择性 5- 羟色胺再摄取抑制剂能够阻断血清素的再吸收，同时在突触水平上延长其效果。这种药物在全世界大量出现在药方上，但其实没人能够解释为什么治疗开始时血清素水平会迅速上升，但药效却要等上数周才能看到。

我们相信未来的医药学研究将会为我们更好地解释清楚。

9.2.3 强迫症

强迫症患者的行为、思想，有时甚至包括语言都会被无休止地重复。他们往往被迫连续五次查看家门有没有关好，还会在半小时之内洗过两次手之后仍然需要再洗一次，他们不自觉地总是思考同一件事。根据最新的研究，强迫症至少影响到世界上 2.3% 的人群，地理分布上或性别上并无显著差异。

行为治疗和市场上已有的药物治疗能起到一定效果。曾有一位加拿大不列颠哥伦比亚省的一名男孩，患有很严重的强迫症，20 世纪90 年代初，他向自己的头部开了一枪，但幸存了下来，再醒来时强迫症居然也消失了。

不过很明显的是，强迫症不能阻止患者改变世界。神学家马丁·路德（Martin Luther）改变了基督教，数学家库尔特·哥德尔（Kurt Gödel）改变了数学和逻辑学，发明家尼古拉·特斯拉（Nikola Tesla）则造就了我们熟知的现代生活。

9.2.4 精神分裂

当思维、语言、自我感知和现实感知纠缠在一起的时候，就出现了精神分裂症。目前，我们知道它是由多巴胺、血清素和谷氨酸的总体化学失衡导致的，这样的化学失衡会影响整个感觉系统，直到将其改写。患者可能会有视觉、嗅觉、听觉、味觉和触觉幻觉。而一些错觉，比如相信自身的想法来自外界之类，将以非常消极的方式影响到日常生活。

几乎没有人是从幼年时期就患上精神分裂症的，而且实际上也没人在年迈时才患病。最典型的疾病发作时期是从青少年末期开始，然后慢慢发展，直到 25 岁左右完全显现出来。男性患病比例比女性稍高。风险因素和其他疾病一样，也是基因因素外加环境因素：贫穷的经济状况、受到虐待或是遭到遗弃都经常与精神分裂症的出现密不可分。

据世界卫生组织统计，世界上大约有 2100 万人受到精神分裂症的困扰。其症状与病情的严重程度有关，有的也不是那么折磨人，甚至也有痊愈的记录。

9.2.5　神经退行性疾病

令人欣喜的是，大脑的平均寿命在不断延长，因为我们的生活方式正变得越来越健康，国家医药卫生系统的诊断和治疗水平也有了显著提升。从全球统计上来看，大脑的平均寿命已经达到了 71 岁（M® 型是 68.5 岁，F® 型是 73.5 岁），但地理分化十分明显：日本人均达到了 83 岁，而在塞拉利昂只有 50 岁。不过我们提醒你不要忘记，1900 年的时候，全球大脑平均寿命只有 31 岁，到了 1950 年也只有 48 岁。

也有令人沮丧的一面：伴随着更长寿命和医学进步的是，2015 年阿尔茨海默病和其他种类的老年失智症已经成为英格兰和威尔士的主要死因，数据来源于英国国家统计署。据估计，这一趋势还将逐渐蔓延至整个工业化世界。

失智症有众多形式，可以造成思维和记忆的永久损伤，甚至阻碍其正常的功能运转。在这些形式中，有的与大脑机器损耗有关，如果提前预见到的话可以提前采取预防措施。但如果是神经退行性疾病的话，事情就更复杂了。这些疾病包括阿尔茨海默病（50% 以上的失智症都是由这种病症引起的）、帕金森病、亨廷顿舞蹈症、肌萎缩性脊髓侧索硬化症（简称 ALS，俗称渐冻症）等。神经退化会在很多方面影响神经元网络的整体结构，至今仍然不可抵御，也基本上没有治疗方法。但这也显示出大脑机器是多么与众不同、复杂精密。

9.3 粉碎谣言

众多的固定成见、都市传说和低科学性的电影中，中枢神经系统经常被误解误读。我们拜托你，请仔细阅读下面列举的这十项错误信息，以便检查是否有一些已经安装在你的大脑中了。如果是的话，我们诚恳地建议你将其卸载，以保证产品最大的可靠性和功能性。

1. **大脑看到的世界就是真实的世界**。哎，不是。

2. **大脑损伤不可修复；神经元不可再生；毒品和酒精会杀死神经元**。我们知道神经元（和其他所有种类的细胞不同）会和大脑用户同生同死，这也就是说，神经细胞以及细胞间的突触都是稳定的，甚至是预先设置好的。相反，正是因为你天生具有可塑性，大脑能够再次激活或是重新安排中断的连接，有时甚至可以修复整个受到创伤的独立区域。有证据显示，至少在大脑海马中（也有可能在基底核中）一些神经元甚至到了成年时期也会持续新生。根据分子的不同，有些毒品可以完全控制住奖励系统，但不会像有些人说的那样在大脑中"挖洞"。而酒精就像你已经知道的那样，会愉快地影响神经传导，但不会像有人认为的那样"杀死神经元"，神经元都能从宿醉中存活下来。

3. **习惯用左脑的人更有逻辑性，习惯用右脑的人更有创造性**。从 20 世纪 70 年代开始我们就知道，两个大脑半球行使不同的功能，左脑更偏向于语言功能，而右脑则负责空间信息多一些。不过两个半球之间由胼胝体这一高速公路紧密连接着，大脑的运行是一体化的，而不是两分的。每个大脑都是右脑主导或左脑主导这一想法如今仍然存在，人们用它来解释为什么有人更重视逻辑顺序而另一些人更喜欢富于创造的无序性。2012 年的一项研究证明，从电化学角度讲，创造性思维要动用整个大脑。

4. 莫扎特 K448 的双钢琴奏鸣曲可以让人变得更聪明。20 世纪 90 年代，全世界的报纸头条上都出现了这一消息：有人证明，在给一群小孩播放奏鸣曲之后，他们的智商测试结果，尤其是空间智商有显著提高。实际上，没有任何一项研究能重复出这一试验的结果。不过 1998 年，格鲁吉亚为全国的儿童都分发了古典音乐 CD，以提高他们的智力水平，"莫扎特效应"也持续作为"事实"被人们传诵着。

5. 20 岁之后所有都走下坡路。不，不是这样的。有些功能的确在 20 岁左右达到最大效能，而有些则是在 30 岁，甚至更大岁数。比如语言功能，40 岁之后才达到巅峰水平。大脑的成熟和衰落比人们相信的要更加复杂，因为有很多不同因素同时作用于很多不同的认知领域。

6. 填字游戏和数独能让大脑保持活力。不，这还不够。解谜游戏或宣称能够抵抗大脑衰老的软件只能增加解决填字游戏和问答游戏的能力，这些都是锻炼记忆的测试，但不会增加智商。当然玩一玩非常有用，只是不要认为它们是灵丹妙药。持续学习新事物，走出自己的舒适圈可能才是最有效的。说白了就是，要努力。

7. 镜像神经元造就了人类文明。20 世纪 90 年代，帕尔马大学的研究人员在猴子身上发现，一些运动神经元既可以在做动作时激活，也可以在看到其他人做同样动作时激活。这些神经元就叫作镜像神经元。

印度神经科学家维莱亚努尔·拉马钱德兰（Vilayanur S. Ramachandran）提出了一种如今已被广泛证实的理论，称镜像神经元拥有"同理心神经元"的功能，是人类文明发展的基础，因此如果镜像神经元故障的时候就会引起自闭症。所以，有人据此会说出一些比如"镜像神经元让我们在电影院里哭泣"或是"去医院探望朋友有好处，因为可以激活他们的镜像神经元"等话语。近期研究则表明镜像神经元只是一个复杂神经活动网络中的一部分，网络中也包括同理心，显然对模仿功能起到很大作用。但镜像神经元并不是同理心的开关。

8. 有人能够阅读他人思想或使用第六感。20 世纪 30 年代的时候兴起了一种神话，人们认为大脑能够感知到感官来源以外的信息。这种感知由思维自身产生，包括万无一失的直觉、透视、心灵感应甚至是用意念隔空移物。事实上，科学家早已排除了上述理论的真实性。不过仍然有人信以为真，甚至很高层次的人们也不例外。冷战中美国中央情报局组织"心理间谍"小组的故事广为流传，这些人依靠思维来寻找军事策略。不过讲述这段故事的电影《超异能部队》还是很有趣的。

9. 大脑只有 10% 被使用了。好莱坞电影作品《超体》为我们奉献了一场都市传说，演员斯嘉丽·约翰逊饰演的角色因吸收了大剂量的益智药，然后智商飞速攀升，最后拥有了超感能力、隔空取物、心电感应能力等等。但这都是编的。事实是，为了让整个人正常运转，大脑已经 100% 利用起来了，包括维持呼吸、心跳、血压、消化、运动、平衡、思维、未来计划等等。吃着薯片看电视可能看起来是"无所事事"的最高境界，但事实上也启用了非常全面的大脑工作。就算是在睡眠中，大脑也是完全启动的。10% 的神话只是上个世纪的一个笑话。

10. 量子思维。罗杰·彭罗斯（Roger Penrose）等人认为，量子力学在一些认知活动中起到了决定性的作用，首先就是意识。大脑功能的运行，介于严格支配我们周围世界的物理标准模式和可能支配亚原子世界的量子力学原理之间。这种可能性非常难以证实，可能很久之后才能证明或证伪。美国物理学家理查德·费曼（Richard Feynman）说过一句经典的玩笑："如果你相信自己已经理解量子力学了，那就说明你还没懂。"与此同时，很多伪科学理论断言，改善自身存在的天生的能力来源于"量子思维"的能力，甚至有些疾病能用"量子治疗法"来医治。呃——这太搞笑了。

　　所有附带说明书的产品都有一个使用期限，就算期限可能并不确定，但也有报废时限。而大脑的情况其实是大自然计划的。

　　皮肤细胞大约能存活一个月。血红细胞每三个月就更新一次。肾脏细胞每18个月更新一次。神经元细胞则不同，它们会经历整个生命历程，以此来保存从婴儿时期到老年时期的所有记忆，我们也因此能在一天一天的流逝中仍旧保持自我。

　　直到近几年，"人类大脑中每天都有5～8万神经细胞凋亡，而且也不会填补空缺"的谣言才被彻底终结。如今我们知道衰老会让大脑失去一定数量的神经细胞，但我们也知道大脑终生都能够制造新的神经元（尤其是在大脑海马中）。但这一点并不意味着迈向老年的高速公路时不用交过路费。

　　衰老涉及大脑的分子、细胞、血管和结构等多个层面。尽管我们仍然不知道其中具体机制是什么，基因、日常经验，甚至是神经递质和激素水平的变化都在其中起到了作用，然后逐渐地影响到记忆、运动能力和执行功能。就这样，随着生命期限的延长，我们也遇到了神经退化的问题。

从成年的开始我们就已经在失去突触了，这样一来皮层的密度就会渐渐下降。60 到 70 岁左右，灰质开始缓慢地变薄，尤其是前额叶和海马。同样的衰退现象也出现在白质上，因为包裹轴突的髓鞘会凋亡。老年大脑会制造更少的神经递质，用来接收神经递质的感受器数量也更少。多巴胺水平、血清素水平和乙酰胆碱的水平也更低，这也会导致记忆丧失，甚至是抑郁症。如果我们再算上受到磨损的血管系统及其导致的高血压，那么中风的风险也会增高（就像一场轮盘赌，输赢结果完全取决于受到损伤的大脑区域），由此我们也能理解，比起中枢神经系统的报废过程来讲，长点儿皱纹根本不算什么。

佛教思想中，衰老是人生四大苦难（生、老、病、死）之一，有意识地做足准备（做准备不等于为此焦虑）可能真的是个不错的主意。

如果能抓住临近阶段，使用有效策略，我们就能在很大程度上延缓广义的大脑衰退影响。虽然不必太过提前，但我还是建议你做好准备应对衰老。

10.1 临近阶段

能够平静地变老已经是一种幸运了，这很大程度上来自于我们祖先赐予的基因礼物。当前，很多科学家们正在通过研究百岁老人群体以寻找这种幸运的基因特性。这些群体分布在意大利撒丁岛的奥利亚斯特拉、日本南部的冲绳岛以及希腊的伊卡利亚岛等地。

比如，人们希望找到能够延缓端粒衰退进程的方法。端粒是每条染色体的终末部分，特点是这里有重复上百次的同样的序列 TTAGGG

（用含氮碱基的字母表示）。端粒在 DNA 复制的时候起到保护遗传信息的作用，但是在其运作机制的作用下，随着时间的增长会丢失一些碎片。端粒受到的损伤越少，衰老程度就越轻。要是能做到保护端粒，对于医学界来说将是一次伟大的胜利，但对于国家退休系统来说将是一场灾难。

但良好地变老首先是一种艺术。如果生活方式太糟糕，就算拥有正确的基因也不能保障活得长久而健康。百岁老人，尤其是那些保持得非常好的百岁老人都拥有一个帮助其保持身体和精神健康的个人秘籍（可能有的本人并未意识到）。通过观察这些超高年龄者——抗衰老的超级英雄，在科学和简单的常识之间，可以总结出以下五点建议。

运动。启动后的很短时间内，大脑和身体本身就开始需要身体运动才能正确地运行和起作用。走很多路、骑自行车、经常做的或轻或重的园艺工作都与长寿息息相关。这里我们不是说你一定要去健身房，而是说要在日常生活中渗透运动的习惯。

奥利亚斯特拉、冲绳和伊卡利亚也被美国国家地理学会研究长寿地理分布的研究员丹·贝特那（Dan Buettner）称为"蓝色区域"地带。那里的老年居民一生中的每一天都要走上数公里，并不是被迫如此，而是出于习惯。而美国某团体的成员是另一项加利福尼亚开展的长寿研究的实验主体，这些成员在生命中的每个周六都会去田野和森林中行走。同样的也并不是被迫如此，而是出于乐趣。

总而言之，保持运动并不只是给衰老临近阶段的建议，也是针对整个一生的建议。越早行动越好。

营养。饮食带来胃口，但也会带来疾病。根据世卫组织数据，2022 年欧洲地区有近三分之二的成人和三分之一的儿童超重或肥胖，而且比例仍在上升。然而，长寿的人没有一个是超重的。最长寿人群的饮食特点都是多素食、少动物脂肪，同时富含微量元素、ω-3脂肪酸和抗氧化物（比如日本的绿茶或是撒丁岛的歌海娜葡萄酒，比其他任何种类的酒都更富含多酚物质）。[1]

在猴子身上做的实验显示，饮食的热量限制与延缓衰老之间有着很强的关联性。所以，除了遵守正确膳食和饮水的基本建议之外，在临近老年的阶段中也有必要对进入消化系统中的食物多加注意，尤其是要控制食用量。据说冲绳岛的人们有"只吃八分饱"的习惯。计算肚子余量的百分比可能有些复杂，不过作为饮食态度来说，这是一个解释健康控制热量的绝佳例子。

意义。工作—退休的社会模式会让人们从活动状态骤然切换到静止状态，这就造成了灾难。难怪有很多人都回去找其他感兴趣的工作或活动，以此为日常生活赋予意义。不这样做的人通常会以极高的速度经受身体和认知的衰退。在"蓝色区域"（blue zone）的家庭系统中都有着对年长者近乎神圣的尊重，老年被认为是智慧的年龄，老者肩负教育后代的重任，其生命是很有意义的。

要想尽可能缓慢地让自己的生命衰老的话，你需要有一个目标，就像日语中"ikigai"（生き甲斐）的概念说的那样。字面意义上，"iki"（生き）的意思是"生命，存在"，而"gai"（甲斐）则指的是"结果、效果、价值"。这个词可以大致翻译为"生命的价值"。在日本文化中，每个人都需要在喜好和个人倾向的混合体中找到自己的ikigai，并不断追求。不过在冲绳，对其意义的解读还要更加具体。在那里，ikigai这个词可以翻译成"每天早上醒来的目的"。

我们不能为你提供关于ikigai的建议，因为这些都是个人选择。

---

1 饮红酒的习惯也和长寿相关，但一定是适量饮用才有效果。

你只需要记住，通过复杂的神经传导机制，一次抑郁会跟随着另一次抑郁，但反过来，一个动力也会跟随着另一个动力。生命的意义超越了职业生涯（比如退休之后），超越了人生的各个阶段（比如子女相继离家）之后，在临终阶段也变得不可或缺。这是寻找答案的过程，寻找你对于"我每天早上为什么要醒来"这个问题最有意义的答案。有答案后，你也就能起床了。

社交。延缓衰老和保持与他人关系之间有着绝对的积极联系。长寿者的共同点除了体育锻炼、饮食、早上起床的动力之外，还有与家人、晚辈、朋友和很多其他人保持密切的联系。大量心理学研究都清楚地表明了，做志愿活动、归属某个团体组织、参加文化或艺术活动、频繁有规律地光顾剧院等都能减轻很多衰老中的大脑可能出现的负面症状。

在这些长寿岛上，老年人都能得到照顾并拥有一个特殊角色，但世界上的其他地方并不是这样，尤其是城市化程度很高的地方，年龄过高的人群常常会成为一种需要解决的社会问题。如果说平均年龄注定要增长的话，仅仅是争取过上平静的老年生活这一追求似乎就是一个棘手的问题。因此，当你更喜欢孤独的时候，请允许我建议你放弃这一点，这对健康不利，特别是对大脑不利。

知识。这第五点并不容易从高长寿率人群中观察到。不过，大量研究都肯定了教育程度和神经元退化之间的反向关系。所以也值得单独说一说。

10.2 活到老，学到老

1986 年开始的一项有趣的科学研究打开了阿尔茨海默病这个最可

怕的老年病的大门。明尼苏达大学的一组研究员对比了几十年间 700
名圣母学校修女会（拥有教皇权利的修道院）见习修女的文字资料，
以及她们老年时期的病历记录。他们发现，高等程度的教育和阿尔茨
海默病的低发病率之间有着非常紧密的联系。

如果说学习和知识就像防止老年性失智症的一个保护盾的话，那
么国家真的有必要认真地坚持和推行教育政策。如今婴儿潮（1946 年
到 1964 年出生）的大军已经开始越过 70 岁大关，世卫组织预测，到
2050 年阿尔茨海默病的人数将是现在的 3 倍。失智症的大范围扩散将
会带来极高的社会代价。从长远角度考虑，教育可能是最值得的投资
了，就算是用在新一代年轻人身上也是如此。[1]

1996 年的《德洛尔报告》（名称来源于原欧共体主席雅克·德洛
尔）一石激起千层浪。这份很有深度的文件对教育系统提出推行终身
学习（lifelong learning）原则——活到老，学到老。其主旨是要让公
民能够继续发展技能、学习知识、培养个人修养，因此教育系统要能
够贯穿一生的时间，建立在"四个支柱"上："学会认知、学会动手、
学会存在、学会共生。"这一想法从良好感受、经济收益，以及如今
我们已经很清楚的科学发展的角度讲都得到了支持。然而至今为止也
仍然是一个美好的愿景。

因此我建议你将这个提案转化为个人现实。

终身学习并不意味着一生都要在铃声、考试和分数中度过，它指
的是一个神经元、突触和轴突的成长过程，完全自主，完全自由。它
还意味着利用人类与生俱来的好奇心去根据喜好来主导积极的大脑可
塑性变化，让公民变得更加有自知，让工作者变得更灵活，让大脑更

1　世卫组织估计（2014 年），每年全球因失智症共损失 6070 亿美元，不过这一数字也包含本
　应工作却为照顾阿尔茨海默病病人而不得不牺牲的工时。

加有能力抵抗衰老。

就像那个古老的当年为了消除文盲而发起的意大利电视节目名字那样：《永远不晚》(*Non è mai troppo tardi*)。公立学校以及国有电视台已经及时且成功地消除了这种尴尬的社会差距。如今，多亏了科技，互联网让进入下一步骤——永久学习易如反掌。

不论你是个精力充沛的青少年还是个婴儿潮时期诞生的白发老人，开始享受永远都不算晚。因为终身学习应该是一种享受，我们可以自由选择学习认识什么、学习动手做什么、学习怎样存在，以及从别人那里学习什么。奖励系统会（用多巴胺）为你持续向自己的知识神经元仓库中添加新内容而愉快地庆祝。

你可以自由决定今年增添"水彩"模块、明年增添"西班牙语"模块。同样你还可以学习打台球、做中国菜、吹双簧管、写程序软件、读梵文等。你想要什么就学什么。而且不仅可以去语言学校或去找舞蹈老师，网络上还有教你弹奏尤克里里的教程视频，有关于所有人类知识的书籍和百科，有完全免费的针对不同水平的大学课程。所有这些以及这里没有提到的资源用你口袋或书包里的电子设备就能轻松获取。历史上最著名的终身学习代表人，从苏格拉底到达·芬奇都会对你羡慕不已。

就像所有工具一样，那个被称作因特网的电子知识海洋也有很多或聪明或笨拙的使用方法。如果我们将其作为永久自我丰富的工具，这将是地球史上的一个重要里程碑。直到20世纪初期，也就是活字印刷术发明数个世纪之后，书籍还仍然是王公贵族和宗教机构独享的特权。到了21世纪，阻挡信息检索的屏障已经不复存在，所以学习也不再是难题了。

现在正是开启终身学习的良辰佳时。可能的话，请务必坚持到最后。

10.3 终止之后

你的大脑可以 100% 生物降解。然而，我们很遗憾地通知你，一旦机器终止运行，全部内容都会在几秒钟全部清除。因为这些信息是你从登陆这颗行星以来获取的全部经验信息，所以这样一来，资料永久丢失，也就意味着你的存在被消除了。

在等待可以让我们安全备份大脑信息的科技发展出来之前，我们建议你记录下你认为最有意义的细节，以便将其传递给你最想告诉的人，比如自己的孙辈。

每个大脑都有自己的故事，独一无二，而且经常是私密的。谁不喜欢阅读父亲、外婆甚至某位远方祖父最隐秘的思想和故事呢？

故事可以以不同的方式呈现，文字、录音或是视频都可以，视频的方式有时的确会造成意想不到的效果。文字形式，并选择性地辅以令人愉快的老照片也是不错的选择。

不过，如果你的大脑已经在近几年甚至近几十年不断地"粘贴"思想、文字和图片在各种社交媒体上的话，我们也就只能说：谢谢，这样就行了。

扩 展

　　将原来的 CPU 用更现代的产品替换，重装容量更大的内存条和硬盘，更新操作系统。经过这些简单的步骤，一台老旧的计算机可以重焕新生，展现出未曾有过的高效计算能力和流畅性。不过市场上并没有大脑的扩展装置或升级方式。但是生物装置的性能可不会输给电子。

　　中枢神经系统知道如何自我组装、连接、重组，有些情况下还能进行自我修复，甚至自我进化。总之，它有自己的一套方法，能够向自己的认知财产中加入新的神经元组织，并以此来更新整个系统和已安装的应用，此外还能保持总体性能并延缓报废。计算机市场上买不到这些扩展装置。

　　原则上讲，用非优势手刷牙以及一般意义上所有能让你走出舒适区的事情都会帮助大脑建立起新的神经元连接，并完善运动控制和认知控制。

　　可以做的还有很多。我们可以扩展记忆力的边界，可以通过学习一门新语言来增加一大片神经元连接，可以通过冥想和对生活本身的深切感恩之情来让生活变得更丰富。如果想要更简单一些的话，我们可以借助一些精神兴奋剂。很多药品和膳食补充剂如今都可以用来增强认知和注意力，这通常可以转变学生和工作同事之间的正常竞争。总之我们可以理解这样的事情，作为一个生物物种我们可能仍然十分原始，但至少我们已经聪明到能够为智慧赋予价值。

11.1 扩展记忆

正是汽车、摩托车和电梯的发明让现代健身房成了生活必需品。科技增加了人类生活的速度与舒适度，却同时剥夺了很大一部分进行肌肉运动的机会，而这种运动习惯已经在此前通过进化跟随人类数十万年。

那么记忆力呢？记忆力是智人进化的基础资源。不仅因为我们能够将必要的实用知识（哪些植物可以吃，有什么东西需要躲避）和社会能力（所谓的口头传统）收藏在头脑中，更因为只有这样，我们才能积累文化和必要的知识，从旧有文化、知识出发催生新思想。然后我们还可以将这些财富传递给其他大脑。这样，历史上才保留下了记得住所有手下士兵名字的波斯国王居鲁士二世的传奇历史。又比如百科全书一般博学的乔瓦尼·皮科·德拉·米兰多拉[1]。在那个时代，记忆力有着极其巨大的重要性和优势。

书籍的引入让事情开始有所改变，人们不再必须记住一长串的植物名称、公式或是元素名称，只要把教科书拿在手上就可以了。在西

1　编者注：乔瓦尼·皮科·德拉·米兰多拉（Giovanni Pico della Mirandola, 1463 — 1494），意大利哲学家、人文主义者。拥有非凡的记忆力，未满 20 岁就能讲 22 种语言，通晓当时的各科知识。

塞罗[1]和其他古时候学者的时代里，"记忆功能拥有最崇高的重要性，比如今要更受青睐得多。"哲学家大卫·休谟在 18 世纪中期就已经这样认为了。

三个世纪之后是什么情况呢？最先问世的手机让记忆家人朋友的电话号码变成了多余的事情。新型智能手机更是可以储存日程、地址、信息等，还能让你在想不起来某人全名、某位歌手或某位政治家名字的时候打消你的焦虑。用蓝牙科技还可以自动连接到你的汽车，无需记忆具体停车位。市面上也能见到一些虚拟家务助手，根据声音指示可以告诉你日历上标注的截止日或是旋律是"嘟嘟～嘟嘟～哒～"的那首歌叫什么。根据一些预测数据，到 2025 年，平均每个人类成员有 5 个电子设备连入网络（即物联网），包括温控器、照相机、手表、眼镜等。在这个数字记忆的狂热浪潮中，到了本世纪中期生物记忆会变成什么样呢？到了下个世纪初期呢？

风险存在于人们普遍具有的一种无奈思想："我记忆力很差，什么都做不了。"或是更糟糕，认为记忆新东西就会覆盖到其他记忆的空间里，而实际情况正好相反。事实上，记忆是你拥有的最独特的大脑功能——学习的基础，因此频繁使用对身心健康非常有利，还能延缓衰老。

这不是一个记忆什么、记忆多少的问题：做决定的是你的大脑。很大程度上取决于记忆的方式。

在意大利、中国、印度、日本、巴西或土耳其，以及世界上少数其他国家上过学的人都经历过背诗的任务。这是让年轻人发挥宝贵记忆能力和人脑可塑性的一种非常值得称道的努力，不过同时也是学龄

---

1 编者注：马尔库斯·图利乌斯·西塞罗（Marcus Tullius Cicero，前 106—前 43），古罗马著名政治家、哲学家、演说家和法学家。

儿童机械、低效率记忆的唯一方式。效率低是因为这种方式经常和我们如今所知道的关于记忆工作原理的知识正好相反。通过重复而学会的课文非常枯燥，无助于理解，不会制造出和其他知识、和过去正在消退的记忆有关的联系。

想要学习背诵《神曲》或是凭记忆弹奏《十二平均律》的人，不能只借助机械性重复。要使用热爱带来的注意力、对含义的深刻理解（了解其文学或和声的意义），以及一系列有助于从神经元层面回忆起词语串或音符序列的精神联系作为杠杆。有趣的是，英语中指代"背诵"学习的短语叫"by heart"，也就是用心学习。科学上可能并没有那么严谨，但这个短语明确地告诉我们，没有兴趣，我们就没办法记忆重要的内容。

市面上有众多付费书籍和课程都会教你如何使用记忆法，有的有效，有的没有。然而，只要我们放弃"个人记忆容量是固定的"这一广为流传的偏见，就已经能向前迈进一大步了。记忆不是一种对填字游戏直接作出反应的"肌肉"，而是一种复杂的电化学训练，能够增强突触和轴突。可塑性是每个人都拥有的，每个人都能够拥有他想要的记忆力。

扩充电脑的储存空间10分钟就够了。人脑记忆的扩充则需要借助于旧有的记忆内容，并花上10年时间向其中填充新信息（一般来说成为某领域专家必须要经历这样的过程）。仅仅是为了弥补遗忘的电话号码和住址，也需要你最好持续不断地随性记忆其他东西。披头士乐队所有歌曲的歌词，元素周期表上所有元素的名称，世界上各个国家和首都的名称……可记忆的东西无边无尽。

美国记者乔舒亚·福尔（Joshua Foer）为《纽约时报》采访了一些世界级的记忆冠军之后，决定亲自体验一下他们给出的增强记忆力

的建议。这个故事被他写进了《与爱因斯坦月球漫步》（*Moonwalking
with Einstein: The Art and Science of Remembering Everything*）一书中，故
事结局非常喜人。

要想背下必须要记忆的诗词，与其机械性重复，不如利用联想
的方法来得更有效，比如视觉联想或是情感联想。德国记忆大师冈
瑟·卡尔斯滕（Gunther Karsten）建议将关键词与脑内图像连接在一
起，更有可能的话使用一些荒谬、搞笑的图像来增强效率。另一位记
忆冠军科琳娜·德拉施尔（Corinna Draschl）则使用特殊的情感状态
来做联想（可能因为她拥有的是 F® 型大脑）。

福尔讲述的故事中，他仅仅使用了从古希腊就已经为人所知的
"记忆宫殿"法。用非常简短的话说，记忆宫殿就是选取一个巨大、
非常熟悉的地点，比如乡下的爷爷奶奶家，然后凭想象一个房间一个
房间地穿过，同时虚拟地在沙发上、桌子上，或是厨房的角落里放入
与需要记忆的序列相关联的、各种想象出来的物品。通过这种几千年
的技术，福尔仅凭一年的训练就赢得了 2006 年美国记忆锦标赛的冠
军，他在一分四十秒的时间内完整记忆下了 52 张扑克牌的顺序。

现在没人再说记忆力不能锻炼了。

11.2 健脑策略

健脑的首要策略就是为了其功能运作和维护而遵循一些基本
建议。你可以想有多聪明就有多聪明，但如果缺少适当的食物、水
分、睡眠和运动的供给，你的大脑就会像缺少润滑油的内燃机一样
卡住。

有了这个基础之后，我们为你提供一些能够帮助你扩展大脑功能

和潜能，并延缓大脑衰老的策略。

阅读。互联网象征着一次历史转折，它为世界提供了更多民主与平等的机会，也将知识的海洋无限地延伸了。不过，网络上成千上亿的交流和分享也变成了一个集体干扰的潜在武器，就像多任务处理一样，是一个双刃剑。

2008 年，一篇名为《谷歌让我们变傻了吗？》的文章在月刊《大西洋》上刊载，作者尼古拉斯·卡尔（Nicolas Carr）对这样一个可能出现又令人不安的结局进行了探讨。在他的假设中，网络的超文本性质同样也会对神经可塑性起到反向作用，将大脑集中注意力、集中思维的能力限制住。就像习惯形成和依赖形成那样，可塑性并不是只带来积极的效果。卡尔在他写的《浅滩：互联网对我们的大脑做了什么》（ *The Shallows: What the Internet is Doing to Our Brains* ）一书中详细地展开了这一理论，根据他的看法，这样的大脑进程所造成的一个直接后果就是，人们对长篇幅和中篇幅的文学作品不再像以前那么感兴趣了。

你的大脑怎么说呢？近几年你的阅读量也从波峰跌落到波谷了吗？你也觉得超文本、自媒体和社交网络的快餐式阅读更有吸引力了吗？答案你自己知晓。

书籍借助某种形式（可以是纸质的也可以是电子的），来帮助我们构建起反思和"慢性"思维的大厦。维基百科、百度百科式的超文本则有助于建立起一个快速信息和另一个快速信息之间的连接。不过书籍本身（通常）带有作者和编者的专业知识保障。相反，超链接则很难区分不同来源的内容质量，不知道区分来源就意味着有可能被虚假新闻和谣言所淹没。

所以为了扩展大脑的潜能，你可以将这第二个策略分解成三个点：阅读、阅读和阅读。阅读对突触很有好处，从婴儿时期一直到老年都是如此。

冥想。另外一个能够发展大脑专注和沉思能力的策略就是进行正念（mindfulness）冥想。这一概念是在近几年提出的，不过在佛教思想中已经有了上千年的历史。正念冥想指的是引导自己此刻全部注意力的一个过程。你会体察身体的每一个角落、脚踩在地板上的重量、自己的呼吸、流动的思维，以及不可忽略的时间的流逝。

十几年前，正念冥想已经被正式列为治疗焦虑和抑郁的方法，此外还有研究表明正念冥想还能减轻其他疾病的症状。实验分别在学校、健身房和军营中进行，以检测其对教育、体育和身心素质表现的提升作用。2016 年至 2017 年上半年，全世界共有 7820 篇科学论文谈论或至少提到了正念冥想对大脑起到的作用。有一些专门关注正念冥想的英文网站已有上百万人次的访问量。如今推行正念冥想的课程、学校和方法遍地开花，你可以自己从中选择更有意义的建议（没准还能不花一分钱）。

核磁共振成像显示，开始练习冥想仅仅 8 星期之后，杏仁核（恐惧中心）就会缩小，而大脑皮层则会增厚。因此，冥想确实能够减少压力，增强注意力。

重点就在这里，但你最好能每天进行练习，这意味着你每天要分出一小部分时间给它，或许可以从短短几分钟开始练起。不过将所有注意力集中在当下的意思是，只做冥想不做别的。总之多任务处理和冥想不能同时启动。

音乐。大脑和音乐之间存在着一个非常迷人的联系。并没有人能说出其中的进化学原理（既不是为了繁衍，也不是为了生存），但一首好听的歌曲或一段弦乐四重奏确实能提高多巴胺水平并抑制皮质醇。的确，听莫扎特的奏鸣曲并不能让人变得更聪明，但大量心理学或功能核磁共振成像技术的研究都承认，音乐是延展大脑的一个非常强大的工具。

通过我们提到过的神经化学作用，音乐能够改善情绪，让人重新振奋，有时还能帮助保持精力集中。上班的人可以选择听歌来提高自己的效率。听音乐是人类最喜欢的活动之一，能够激活一大片脑组织的神经网络，使我们能分辨音高、感知作曲包含的节奏与和声结构。如今几乎没人像以前那样专门在神圣的寂静中听 CD 了，现在的音乐都是电子化的，网络上到处都是，而且永远能够找到，音乐的收听率在整个人类历史上达到了巅峰。

不过只有**做**音乐才会让大脑扩展结果达到最大化。有证据显示，儿童时期的音乐教育（在关键时期内）能够增加语言和逻辑思维能力，能够对听觉、运动和感觉系统起到塑造作用。科学研究虽然区分了音乐家大脑和非音乐家大脑之间在认知水平、结构和功能上的差异，不过也很难证明这些差异真的只是来源于演奏乐器的能力。

最理想的是从非常年轻就开始学习音乐。不过，就算是困难一些从成年开始，学习演奏乐器也能带来同样的好处（以及同样的愉悦）。从幼年就开始学音乐的人可能会因为很多原因而将乐器永远地挂在了墙上。如果你属于这一类人，那么我们建议你不要将音乐能力这样强大的大脑财富随意丢弃在风中。

语言。多学一门外语在这个全球化的世界里绝对是增强竞争力的一项优势。据说世界上掌握双语的人数已经超过了只说一种语言的人了。的确，一半以上的欧洲公民都至少会两门语言。印度的法律上明文规定有 23 种官方语言。在孟买和加尔各答，有很多人都是和父系家庭说旁遮普语和印地语，而面对母系家庭则说孟加拉语，和自己的子女对话则用英语。科学表明所有这些对大脑都非常有益处，甚至能提升可塑性的潜能。

学习语言的关键期是幼儿时期的最初几年。从很小开始，儿童就能够轻松地同时学习三种语言，比如父亲的语言、母亲的语言，再加幼儿园使用的语言。如果在此之后其中的一种语言不再经常使用，长大成人后这些人仍然会比其他人更容易区分这个语言中的音节。不过，也有人证明，成年之后再学习第二或第三外语，在大脑中区别于母语的区域内可塑性变化还要更加明显（难怪更费力呢）。科学研究人员在双语人的大脑中看到了更优越的认知能力，不仅限于负责语言的脑半球，而且很显然对于他们来说再学习第三、第四外语会比别人更加轻松。而且如果不是这样，多语者埃马努埃莱·马里尼（Emanuele Marini）——一位意大利米兰省的普通职工——也不可能像现在这样流利地讲 16 种语言。

出生时就能有幸成为双语者的人能很牢固地保存语言能力。有幸能在很年轻很年轻的时候学两门语言的人，能够看原声动画片。有幸能在成年、睿智的时候学外语的人，能在外语的帮助下显著地扩展大脑的能力极限。

感恩。也就是感到幸运。生命本身就很幸运，所有迹象都表明，能感到自己幸运就已经是成功的大脑策略了。很多实验都证明了这一点。其中一个实验中，一组年轻人被要求每天在日记上写下值得感激的事情，也就是对自己生活的积极面进行反思。另一组人则被要求记下不好的事情，而对照组则需要正常地记日记。结果是，仅仅几周之后，第一组人的注意力水平就变得高于平均值，而且更有热情和精力。感激对健康很有益处，而且如果能够长期坚持的话，对自身的人际交往保持也非常重要。

"感谢生活（Gracias a la vida）"是阿根廷歌手梅赛德斯·索萨（Mercedes Sosa）歌曲（歌名也是 *Gracias a la vida*）中的一句歌词，"感恩"心理可能对某些人来说显得怪异甚至荒谬，不过科学证明它的确有效。感激实验已经被改编成很多版本并反复验证过了，最终总能得到相似的结果，而且更重要的是，这些结果也被功能核磁共振成像技术证实了。我们可以明显看到，感激生命所带来的益处和八卦或抱怨带来的效果截然相反，而且持久性更强，还具有自我巩固性：就像太过自怨自艾会导致一系列抑郁的后果，感激则是减轻负担的良性循环。并不是说要蒙起眼睛不看问题，而是要用正确的眼光去看待分析。

做到这一点并不难，只需要对世界的美给予感恩之情，并为自己拥有一个能够观察它的大脑而感到幸运就行了。

11.3 益智药物

2011 年，布莱德利·库珀（Bradley Cooper）和罗伯特·德尼罗（Robert De Niro）主演的电影（成本 2700 万美元）《永无止境》（*Limitless*）获得了 2.36 亿美元的收益。电影讲述了一个落魄作家仅靠服用了一颗益智药（NZT-48）就变成了天才的故事。从票房成功来看，我们似乎看到了这种骤然变聪明的梦想激发了全世界观众最隐秘的渴望。

益智药是一种增强人脑认知能力的药物。没有任何一种益智药能够比得上好莱坞表演的那种，不过益智药已经成为一种商业和文化现象。说它也是文化现象，是因为美国最著名大学的学生和硅谷最著名企业的职工中有很多人都在服用益智药。其商业方面的成功从网络销售的火爆中就可以感受到。

显然，不同的分子功效也不一样，药效最强的需要医学处方才能购买，而且就像新闻报道中经常提到的，这些药物的获取渠道往往是不合法的，购买者以此在公司或大学竞争中占得道德性可疑的竞争优势。哌甲酯，商业名称利他能，会被用于辅助治疗一些注意障碍，比如注意力缺陷多动障碍（ADHD），也因此施用对象经常是儿童，比如在美国就被广泛使用（欧洲大部分国家都允许使用，唯独芬兰禁止使用）。

除了药厂给出的说明书之外，利他能还有其他作用。它能改善注意和集中力，振奋精神，并提高大脑处理困难任务或重复任务的水平。还有阿德拉，同样也是规定用于治疗注意缺陷多动障碍和嗜睡症的药物，除了辅助工作以外，也会被用作专业运动员兴奋剂和春药。有人说它能增加力量、冲刺能力和一点欣快感，而且没有副作用。

不过，这些药物实际上还是会带来害处的。除了一些可能出现的副作用之外，如果长期大剂量服用，这些分子很容易让你产生依赖性，既是生理依赖性也是心理依赖性。尤其是阿德拉，在欧洲市场上没有销售，而且几乎全世界都将其归类为和安非他命同级别的药物。不过市面上的益智药不止这些。还有莫达非尼（商业名称 Provigil），在它的说明书之外也有治疗抑郁、辅助可卡因戒断等功效。用于阿尔茨海默病处方的有两类药物，也有人认为这两种药物能够增强健康大脑的认知功能。此外还有拉西（racetam）类药物，和吡拉西坦类药物类似，在欧洲有售（商业名称分别为 Lucetam 和 Nootropil），在美国却被禁止，虽然其药理学上的使用范围完全与益智无关，但也同样被人们用作神经元增强物质。

还有另外一大类益智药产品，被归类为营养补充剂，不需要医学处方就可以直接购买，其市场正在不断扩张。英语俚语中这些产品被称为"stack"，直译过来就是"堆、叠"。确实和其字面意思一样，这样一个小药丸中压缩了很多不同种类的分子，或是自然界中存在的，或是从自然分子中化合的，用来制造出一种能够改善认知过程的理想混合物。2018 年 9 月，在英国亚马逊上搜索"益智药"能找到 15 种左右的产品，而在美国亚马逊上搜索结果是接近 1500 种。尽管好评能起到很大作用，但真要从 Mind Matrix、Neurofit、OptiMind 以及其他上百种小药丸中挑选还是显得力不从心。此外，据说热爱吃益智营养品的人会将产品进行混合，从而找到理想的"个性化"产品。显然这些药物对大脑功能的益处没有电影里演的那样强大。虽然服用者往往被告知结果要在长期坚持中才能得到巩固，但其效果还是能稍稍察觉到的。总之，没有一种能像 NZT-48 那样立即提升智商。

这并不等于说制药行业就没有希望制造出十分接近于《永无止境》中的产品，并且不会产生依赖或不良副作用。如果真生产出了完美的益智药，其收益将会超乎想象。你想，现在世界上最流行、使用最广泛的两种"益智药"——咖啡因和尼古丁每年就能带动数千亿美元的产值。

现在只需等待未来给我们惊喜就好了。

这本使用手册和世界上其他所有手册一样，并不打算透露关于未来版本的机密或是任何形式的小道消息。

哎，不过说实话你会喜欢的。问题是，准确预言未来可能是世界上最不可能的任务了。写一本关于智慧的手册倒是个好主意。

所以，跟世界上所有手册一样，我们可以稍微思考一下未来系统版本中智慧是如何进化的。但思考不等于预测。

到目前为止，大脑耗费数亿年的时间才从爬行动物祖先进化成人类的水平。所以速度不变的话，未来一两百年之内都不用期待有什么太大的变化。然而，随着神经科学和遗传科学的进步，以及微电子和纳米电子学的进步，我们似乎已经有望开发出能够增强大脑潜能的机器、防治神经退行性病变的基因技术以及与人类智慧同等甚至超过人类智慧的机器了。而且实际上这些结果不可避免。

曾经有四位权威科学家——包括史蒂芬·霍金在内——在公开呼吁中写道："没有一个物理定律，能够阻止粒子以超越人脑计算能力的方式进行排列。"这句文绉绉的话其实简单来说就是在为我们敲响警钟：某一天或许我们真的能创造出智慧比人类优越得多的产物，整个人类文明因此正冒着全部付诸东流的风险。

但这一风险是近在眼前，还是远在天边呢？

12.1 神经科技

从路易吉·加尔瓦尼发明的电极的应用开始一直到钻头钢锯的使用，关于历史上研究大脑的最基本的方法我们在这里就不多提了。神经科技的历史从 1924 年开始，那时第一个人脑试验了**脑电图**技术：终于出现了一种不用侵入就能了解大脑内部发生了什么的科技。这样，通过头皮上连接的电极网络我们就能发现很多东西，比如神经元的震荡——脑波。近一个世纪之后，这种神经脉冲记录仪仍然在医学领域和研究领域内大范围使用，只不过如今的比原始版本要精良得多。

大脑科技真正的质变是从 20 世纪 70 年代开始的，大量发明和神经科技研究成果在那时大量涌现。比如**计算机断层成像（CT）技术**，利用 X 射线生成一幅多个解剖层次的图像，据此分析出一个三维的模型，在早期版本中这一计算过程需要耗费 3 个小时。**核磁共振成像技术（MRI）**也是那时露头的，它利用磁场和辐射波来生成内部解剖图像。**正电子发射断层扫描（PET）技术**成为现实已经超过 20 年了，人们可以利用这一技术观察很多人体的生理功能，并且不仅限于大脑研究领域。**脑磁图（MEG）技术**的出现让人们可以开始描绘大脑的地图，其工作原理借助的是可以拦截微弱神经元活动的极其敏感的磁物质。总之，我们已经拥有了非常丰富的技术来探索中枢神经系统那深邃的秘密，不再需要线锯、开颅钻，甚至电极。但我们的技术仍然十分原始，探究路程才刚刚起步。

现在。硬件发展已经过去了几十年，到了新世纪神经学知识又迎来了一次重大的变革，催生了大量丰硕成果，如今仍在进行之中。所有这些技术都在不断地加以完善，并且在微处理器计算能力成倍增长的背景下变得越来越强大。CT 技术不再仅限于轴向扫描，PET 也进化成了 SPECT（单光子发射计算机断层扫描），MEG 的磁敏感度也达到了曾经无法企及的水平。

不过世界神经科学舞台上真正的明星还要数加上"功能"标签的核磁共振技术了。**功能核磁共振**成像技术能够实时地展现大脑活跃区域的三维画面，因为活跃区域需要更多的氧气，因此关键就在于追踪携带氧气的血液的流动。本手册中提到的大部分发现都来自这项技术，尽管也有其他技术的辅助。

每个脑成像科技都有各自的优势和劣势，不过通常人们可以通过技术结合来弥补缺陷。检测脑活动在时间中的变化时，脑磁图技术能够达到 10 毫秒的精确度，而功能核磁共振成像只能有几百毫秒的分辨率。这就是为什么根据不同情况，这些科技大多会被同时应用或是以其他科技进行辅助。虽说从长远角度看，我们的科技还很原始，但它们的应用领域和过去相比已经达到了近乎科幻的程度。举个最明显的例子，功能核磁共振技术已经被应用在几起司法事件中，以确定暴力犯的清醒程度。

将来。一个世纪以前我们仍在起点上，如今神经学科技已经取得了巨大的进步。我们所有人都在等待，未来某一天我们能将大脑本身的功能进行强化。

　　可能出于偶然你曾想象过绝对属于未来的技术，比如与大脑直接对接的微芯片，或者可能通过刺激颅脑来增强认知能力。我们很愉快地通知你，这些技术已经存在了。**神经植入**能够将人脑和电脑对接，可以帮助严重的癫痫患者抑制特定区域的大脑活动，如今甚至还可以帮助截瘫患者凭借自己的意识移动人工肢体。还有**经颅磁刺激**（TMS）技术，可以通过非侵入性的方法控制神经元的兴奋性，已经被纳入研究领域，可以用于治疗严重抑郁症和神经退化[1]。

　　直至今日，要想激活神经植入物的话还是需要实际地在大脑上打开一扇门。如此的程序对于没有癫痫、健忘症或是瘫痪的正常人来说不太可能真的进行操作。不过我们的过往经验（从核磁共振技术到手机的发明）告诉我们，仅仅三十年的时间就可以让技术和科技进化到曾经无可想象的程度。而且我们也知道，科技的发展总要经过类似的进化阶段。

　　起初，人机交互的界面试验会非常粗糙，存在很多严重的问题和不少矛盾之处。然后慢慢地实验将会得到完善，最终突破商业化关卡开始大规模扩张。此后，两三个改良版本之后，生物电子将会变得相当发达，能够应用于多种疾病治疗。而且还有可能改善记忆控制、注意力控制，甚至是情绪管理。

　　当然，达到这个技术水平还有很长的路要走。短短的一个世纪之内我们已经为脑科学研究提供了众多精良的仪器，不过要想真正了解一个大脑的结构、连接和功能还需要花上很长时间。比如，研究员于 15 年前为人脑的基因组进行了测序，其中的大部分基因我们已经

1　还有一种经颅直流电刺激（tDCS）技术，以弱电流通过大脑中的特定区域。网上有卖一些应用于头皮上的类似工具，担保可以提高大脑的工作效率。其真实效果和影响仍然有待实验证明，而且这种方法怎么也算不上"非侵入性"。

能够很好地确定了，但关于这些基因运作的整体方式我们仍然有很多谜团要解开。何况同时我们还需要继续探索承载一个人类个体全部基因信息的基因组性质以及基因组之间的差异。现在人们正致力于破解**连接组**，也就是为大脑连接绘制一幅精准的地图。这项研究非常关键，美国为此设立了脑计划（Brain Initiative），欧盟也推行了人脑计划（Human Brain Project），这两个研究项目都是十年期的，涉及很多专业领域，投资力度很大，为的就是最终于十年内绘制一份人脑的地图册。不过届时大脑仍将十分神秘，这已经是大家都知道的一个公开秘密了。

在遥远的未来，现在人脑用户的曾子曾孙将可以下载自己的大脑，所以就像如今科幻作品或是不切实际的科普书中所描写的那样，他们可以永远地活在一台比现在的计算机要复杂得多的电脑中（不过这样他们的生命就会全部指望在一根电线上了）。到那时，或许我们也可以解冻那些曾经的亿万富翁和超级乐观主义者的大脑，他们早在20世纪90年代就进入了"冬眠"，期望有一天科技能够发达到让他们死而复生，没准还能让他们变得比以前更聪明、更受人喜爱。一切都有可能，只是真的离我们现在的生活太遥远了。

不过，谈论发展也可以是30年或60年的事情。现在各种机构都在忙于解读人脑的每个细节，希望了解人脑那不可思议的复杂性（比如最出名的是五角大楼的研究团队DARPA——国防高等研究计划署）。他们必将为神经科技领打开很多新鲜、强大的领域，也必将危险地跨过道德底线。从我们现在的有限知识看来，这仍然是不可能的一项任务，这不假。只是，同样的知识也足以告诉我们，从理论上来说并没有什么能够阻止我们将这一**人工智能进化**转化成现实。

那一定会是一次重大的、历史性的系统版本升级（4.3.8）。

12.2 转基因大脑

智人着手改造动植物基因已经有上千年历史了。渺小又坚实的大刍草——自然选择创造的一种禾本科植物转化成了果实丰满、富含热量的玉米植株，就是农民一代又一代进行人工选择的结果。吉娃娃这种陪伴型的小型犬也是由一代又一代的养殖者经过人工选择培养出来的，其原型则是和它完全不相像的自然选择产物——狼。

智人着手改造动植物基因的进程在近几十年中不断加速。1953年，人们发现所有生命的基因都是依靠同样的四个碱基 ATCG（分别代表腺嘌呤、胸腺嘧啶、胞嘧啶和鸟嘌呤）组成的，它们以不同的方式组成脱氧核糖核酸分子，也就是我们熟知的 DNA。1994 年，美国超市中出现了一种转基因番茄，保质期更长。1996 年，第一只克隆哺乳动物绵羊多莉诞生了。2001 年，第一次人类基因组测序完成，分解出了 3088286401 对碱基。在当时这项工程耗费了 30 多亿美元的投资金额，而 2021 年同样的操作成本已经被压到了一千美元以下。

再过一两个世纪会发生什么我们确实无法想见。可能是文学中已经描绘过的灾难场景，也可能是人们想象的最理想化的**超人类主义**。超人类主义是一种国际性的运动，主张通过各种方法和科技来无限延长人类寿命以及大脑潜能，直到人类真的演化成"后人类"为止。或许不必多说，这两种极端情况都牵扯到了非常沉重的道德障碍，这是在未来等待着人类（如果还是人类的话）的艰巨挑战之一。

以**光遗传学**为例，这是一种近几年才出现的非常出色的神经学科技。这项科技也非常不可思议，因为它的发明起源于某人突发奇想——DNA 的共同发现者之一弗朗西斯·克里克（Francis Crick）于1999 年留下的一条建议：检测单个神经元，"光是最理想的信号"。当时科学在磁学和电学的帮助下已经能够探测大脑的各个整体区域，但做不到对逐个神经元进行研究，但光遗传学就做到了。

视蛋白是对光敏感的蛋白质，整个过程就从分离表达为不同类型视蛋白的基因开始，大多从海藻和细菌开始入手。然后这些基因会被植入小鼠的 DNA 中，让不同的视蛋白对不同的神经元作出反应。然后人们将小鼠的大脑和光纤连接，光纤将光分化为不同的频率。现在见证奇迹的时刻到了，只需改变光的频率（蓝、红或黄光），人们就可以抑制或激活单个神经元，控制小鼠的行为，就好像用遥控器遥控一样。光遗传学可以帮助我们理解单个神经元的功能，是一项革命性的伟大发现，前景非常光明，刚一问世就被全世界数百个实验室纳入了研究范围。

与此同时，还有另外一种科技更加强大、更加伟大，根据一些人的说法，这项科技可以改变的不仅是科研领域，它还能改变我们对整个世界的认识。这就是 CRISPR-cas9。简单说来，它帮助我们轻松地剪切 – 粘贴 DNA，速度快、价格低，仅在十年以前这种想法听起来还像个笑话。

细菌和病毒为了生存而进行着它们的日常战斗，这种战斗早在狮子对羚羊的战争出现很久很久之前就开始了。因此，一些细菌已经进化出了一种非常复杂的系统用来"抢夺"病毒 DNA 的片段，这些片段本会对细菌发起攻击，以此来识别它们，并在下次出现时进行防御。科学家根据这一机制，利用一些贴附在 DNA 上的酶在染色体的一个精确的点上进行切割，然后用另一个基因替换剪下的基因，最后复原切割口。

这项科技的效果好得没话说。

不过缺点是，它太简单了，也不消耗什么资金，很有可能被用来做一些道德性可疑或是具有危险性的任务。

2016 年，美国国家情报局总监詹姆斯·克拉珀（James Clapper）将 CRISPR-cas9 纳入全球重大危险名单，理由是基因的剪切－粘贴可能也会被用于制造灾难性的生物武器。

就这样再往未来推进一点，基因改造为我们带来的巨大希望是根除遗传疾病。当前对人类基因组的操纵行为还被看作是邪恶之事，但 20 年之后、40 年之后事情还是这样吗？如今，基因功能和彼此之间的相互关系在很大程度上仍是未知数，但是当社会发展到了可以用更明晰的方式利用这些功能和关系，永久性治愈囊性纤维化病症或亨廷顿舞蹈症时，我们还会这样看待吗？那样你还会选择让你所爱的人遭受痛苦吗？难道不是更不道德吗？

沿着这条路一直走，我们很快就能看到所谓"基因化妆品"的异常现象：比如父母从目录里为新生儿选择想要的眼睛颜色。只要是可能做的事情，就一定有人去做。不过还有另外一种可能性，与妆容无关，而是利用基因改造去改变智力。只要有人发现如何做到这一点，帮助父母提高子女认知能力的私人诊所就会如雨后春笋般出现。事情往往如此，市场决定一切。那些富有的父母真的能抵制住诱惑，不会提前决定女儿将来在数学上崭露头角或是成为钢琴狂人吗？又或者这些基因诊所将会因为没有客源而倒闭吗？我们等待你去发现答案。

智人着手改造动植物基因已经有上千年历史了，但这仍然只是一个开端。到了某一时刻，基因改造智慧将成为无可抵挡的巨大诱惑。

如今我们随便怎么想都可以，选择永远是下一代或下几代代人才能做的。从人类历史进化的角度看，这将会是又一次历史性的系统升级（4.3.9）。

12.3 人工智能

我们知道测验永无止境，但你做图灵测试根本不会有什么问题。如果真有机会的话，你甚至不用准备什么就能轻松通过。然而图灵测试击败了所有计算机，包括 2022 年起成为世界最强超级计算机的美国的 Frontier（每秒可以做超过百亿亿次运算）。

艾伦·图灵（Alan Turing）创造的这项测试用于评估计算机的智能型，至今为止没有任何一台计算机通过测试。这位英国科学家的惊人生活和悲惨结局在电影《模仿游戏》（The Imitation Game）中得到了很好的诠释。他设计的测试很简单：如果一台机器可以被认为是智能的、"有思考能力的"，那么它就应该能够让一个人类相信它自己就是人类。

放在更早一些的年代这种讨论还是无稽之谈。"人工智能"一词有确切的诞生时间和地点：1956 年夏天，新罕布什尔州达特茅斯学院。几名计算机科学家聚在一起 6 个月，为未来的思考机器理论奠定了基础，他们创立了这一学科——人工智能（AI）。10 年之后，他们的研究成果得到了美国政府，特别是美国国防部的大力资助，科学家们受到极大的鼓舞，甚至产生了过度的信仰狂热。达特茅斯会议的主角之一马文·明斯基（Marvin Minsky）曾说："一代人之内人工智能的创造问题将会彻底得到解决。"

然而，事情并没有这样发展。几十年里，人工智能一直处于飘摇的命运之中。人工智能第一次征服公众是在 1996 年，IBM 的计算机深蓝（Deep Blue）险胜了世界象棋冠军加里·卡斯帕罗夫。

2011 年，IBM 的另一台计算机沃森（Watson）在美国一档语言难度很高的问答类综艺节目《危险边缘》（Jeopardy!）中击败了两位历史冠军。不过尽管这两台机器都拥有惊人的计算能力和大型相互关联的数据基础，它们也没能通过图灵测试。

然而，几乎就在瞬时之间，人工智能就开始进入人类的日常生活了。新鲜的是，机器开始学着去学习了。我们称之为**机器学习**，也就是自动的学习功能。沃森能够遵循一系列复杂的程序，但并不能更改这些程序。AlphaGo 就能做到。AlphaGo 是一种软件，由杰米斯·哈萨比斯（Demis Hassabis）创立的伦敦 DeepMind 公司（2014 年被谷歌公司收购）写成，它击败了世界围棋冠军——围棋被视作世界上最复杂的游戏（可能的组合方式有 2×10^{170} 种，比宇宙中原子总数还要多得多）。在人工操作输入算法和数据之后，AlphaGo 在深度神经网络（机器学习的一支，基于一系列多层次计算操作的算法）的支持下学会了模仿人类大脑皮层的多级分层。不过更神奇的是，AlphaGo 从 3000 万局自我对决中分析了自己的错误，从而自主创造了围棋能力——就像人类一样。

机器学习和神经网络也是 Siri、Cortana、Alexa、Ok Google 以及其他类似产品的技术基础，它们都是智能手机和最近出现的家用自动智能设备上安装的个人助理，可以接收语音指令。最关键的是，它们能够从用户的要求及其带来的结果中进行学习，并随着时间逐渐改善服务。

人工智能如今已经在汽车设备中占有稳固的地位。以色列公司Mobileye（由科学家阿姆农·沙舒亚 Amnon Shashua 创立，后由英特尔公司以 153 亿美元收购）首次开发了使汽车具有自动安全的智能视觉系统。无人驾驶如今也是很多汽车业巨头（如特斯拉、谷歌、苹果、优步等许多汽车公司）的开发项目之一，很有可能在几年内成为现实。人们期望有朝一日能够真正地将方向盘全权交给人工智能控制。

人工智能已经在工厂中普遍应用起来了，新型机器人与人类工人配合工作，从他们那里学习各种各样任务的操作方法。人们已经发明出了一些基于机器学习的算法，能够在没有律师辅助的情况下编写法律文件，在没有记者的帮助下撰写体育或财经新闻稿，或是在没有作曲家的情况下编写音乐作品。麻省理工学院教授、杰米斯·哈萨比斯和阿姆农·沙舒亚博士后时代的导师托马索·波乔（Tomaso Poggio）说："最不易被机器取代的职业都是那些最简单但需要创造性的工作（水管工、杂工）以及那些最复杂的工作（科学家、程序员）。所有其他的工作都能在很大程度上交给机器。"尽管一些政客将国内失业情况归咎于国际市场正在不断扩张的自动化进程，不过真正的政治家（不仅关心当下，更关注未来的从政人士）应该为人工智能冲击社会做足准备。这场革命已经开始了。

深度学习之所以成为可能，是三个因素共同作用的：微处理器的计算能力不断增强，新技术和新算法发展得越来越复杂，以及拥有更多可利用的大型数据库来进行训练，比如 AlphaGo、人工智能肌肉等都需要以此为基础。这三个因素中，只有第一个因素是有可能成为障碍的。摩尔定律（"计算能力每两年就会翻一倍"）预言硅质芯片即将超越其物理极限，因为近三年内人工智能已经开始寄希望于 GPU，也就是图形微处理器，它们可以并行工作，效率也更高。但要想让摩尔定律不会失效的话，还需要其他办法，比如模仿大脑结构的**神经形态芯片**。

这不是一个新点子，不过可能正在日趋成熟。传统处理器是在定时器的节奏下进行计算的，就像有一个节拍器在给它们定时一样。然而模仿大脑的处理器除了能够不受节奏限制同步交流之外，每个人工"神经元"还能单独接收信息，并决定是否将其传向下一个。简直就像真正的神经元一样。所以一个神经元形态芯片和大脑完全一样，只消耗很少的能量：IBM 制造的原始型神经元形态芯片包含的晶体管数量是英特尔处理器的五倍，但只消耗 70 毫瓦，比普通处理器低 2000 倍。

人工智能的发展脚步不可避免地要寻找新的解决方案，而且还要超越新的困难，取得新的成功，这就让科技进步成了不可阻挡的潮流。"技术的杰出性"在于它带给人类社会的根本变化，在某个恰到好处的时刻，超级人工智能将开启人类历史上从未有过的技术增长，伴随而来的还有不确定性和机会。谷歌技术总监、《如何创造思维》一书的作者雷·库兹韦尔（Ray Kurzweil）就是人工智能的铁杆支持者之一。与之相反，如比尔·盖茨（Bill Gates）、埃隆·马斯克（Elon Musk）等很多著名的企业家，以及史蒂芬·霍金和其他一些权威科学家则更倾向于支持波士顿的生命未来研究所（FLI），致力于传播反对声音：人工智能是一种"存在危机"，人工智能可能会威胁到整个人类的发展。

就像人工选择和改善智力基因等问题一样，请不要期待一本小小的手册对此进行哲学评判，这些话题需要更加学术、更加权威的书卷来讨论。不过，我们至少可以提一些问题。在一项科技出现以前，人类是否应该提前考虑好人类能够用这项科技做些什么呢？仿生士兵或机器人军队已经不是科幻了，超级大国的军事实验室已经启动多年了。利用 CRISPR-cas9 制造非常恐怖的生物武器也不是科幻书里才有的场景，而是美国军事部门亲口提出的。

最后，还可能有疯子、罪犯或是恐怖分子掀起大规模的网络战争，因为如今所有的交通、航线、水渠、医院等等都与互联网相连——只可惜现实情况比你想象的要具体得多。再加上核武器和气候变化，我们真的能够感受到人工智能问题迫在眉睫。

另一方面，在这些挑战背后，世界可能真的需要更多的智能。

近几十年，电子交流越来越发达，人脑的连通状态已经不是历史上任何一个时期可以比拟的了，这就催生了一种全球化的智慧，就像超国界的科学研究领域一样，这种智慧将会带来非常伟大的影响。不过，在这样一个近 80 亿颗大脑同时生存的世界上，比别人稍微多一些智慧可能真的很有必要。谁知道呢?

质疑没有用。人工智能，我们希望能够给予它应有的谨慎，在任何情况下，都应为人类智慧所操控，继续追求由 5 亿年前原始大脑进化而来的自然智慧。

此时系统版本将会升级到 5.0。

保修

本产品没有任何质保服务，没有部分保修、国内保修和国外保修。

注意

使用本产品前，你需要保证承担所有使用过程中的风险和相关责任。

除非是相关法律明令禁止的活动，你可以完全自由地在任何地方移动和使用本产品，但需要保证产品处于适当的环境温度（体温36℃～37℃）、海拔高度（5000米以下）和气压下。超出操作限制对非保修不会产生实质性影响，但我们提醒你危险行为可能会对中枢神经系统产生致命性影响。

只要你觉得产品工作状态不佳，请务必前去健康部门网站中列出的专业维修部门寻求帮助。

市面上有大脑生命健康保险出售，但我们建议你仔细阅读合同条款：产品不能更换，客户只能获得部分经济补偿，补偿之外的费用注定要变为无偿捐献。

故障排除（疑难解答）

大脑无法启动	请仔细检查。如果你能阅读这段话，说明大脑已经启动了。之后请给自己冲杯咖啡。
无法重启	此版本上没有重启键。请尝试整个待机—启动循环。
无法关闭	此系统版本始终处于开机状态，不应该关闭。请你参考待机模式教程。注意：系统只会在产品寿命终结时关闭，至今尚无重新开机的可能。
待机模式无法启动	如果尝试 48 小时之后仍无法进入待机模式，请紧急联络 120 寻求专业帮助。
图像模糊	如果经常使用眼镜（可选），请检查是否佩戴正确。如果佩戴无误，请拨打 120。
黑屏	请尝试检查房间内的光源情况。如果仍然黑屏，请检查是否是停电了。如果都没问题，请立即寻求他人帮助。
音频不清晰	如果你经常使用消音设备（可选），请检查是否已经卸载。如果仍然无效，请寻求他人帮助。
短期记忆太短	阅读第 64 页、第 211 页的建议。
无法学习	实际上是不可能出现的。大脑就是一台学习机器，出厂的时候就是如此。不过，如果你没有进行解锁程序，也就是没有养成成长型思维模式，请立即阅读第 67 页。
动力似乎卡住了	请根据建议多次重复循环，100% 保证解决。如果与理论情况相反，请查阅保修条款。
太容易超负荷了	如果你指的是过度兴奋，伴有心跳过度，可能还有肢端周边出汗，我们建议你立即检查压力状况。如果你指的是经常性愤怒，请参阅第 164 页。 以上两种情况都出现时，请缓慢、有节奏地深呼吸一分钟。

续表

找不到菜单	你的大脑是完全自动的，所以没有必要使用菜单，比如为了追上即将出发的火车而选择"奔跑"功能。大脑皮层和下肢之间的高速连接保证意识指令在 100 毫秒之内自动传达。要是用菜单的话，火车可能已经开动了。
"思维"功能速度减缓	你需要时刻维持系统的基本效能，为此需要有足够长时间的待机模式，有规律地供应水分和健康的营养并添加适当的体育运动。如果对以上个别建议有疑问的话，请参阅第 80 页。

法律问题备注

本书书名《大脑简识》应作为修辞手法或娱乐性文字看待，不应以字面意义解读。这本小册子的初衷是为智人大脑的中级用户提供大脑机器的基本特征信息，辅以事实、名词解读和思考评论，可能在大脑日常经验中起到作用。

本书目的绝不是指导如何治疗疾病，也不是为自救提供建议或禁忌。

我们还有义务告诉你，这本手册只是由一名普通记者写成，他热爱科学但是是人文学科出身。不过这条信息并不成为合法的退货保证。

本手册内容的责任全部由作者承担。他本人决定放弃将一页又一页的来源引用加在注释里，以免让手册变得过于沉重。最终使用的资料大多标在了建议阅读书目中，还有很多来自网络的经过同行评审的科学文章（如《科学》杂志和《自然》杂志）、科普读物、维基百科、YouTube、TED、Coursera，以及可汗学院。为了能用最少的篇幅解释最复杂的事实，作者试着选取了最有意思的信息，并且在无尽的科学争论中选取了更多专家认同的立场，或者在很罕见的情况下选择了他自己更喜欢的角度。

最终产品可能会受到认知偏见的影响。因此，在此声明作者承担的责任仅限于道德范畴，而不涉及使用本产品而带来的实质性责任。法律责任争议由新西兰惠灵顿法院第一民事部门管理。

不必将本书置于儿童无法触碰的地方。

　　宇宙的起源、物质的结构、生命之谜和智慧的进化是现代科学面临的四大问题，投身其中的科学家需要花费数十年，甚至是未来的几个世纪来解决这些问题。然而，我认为智慧问题是属于这一世纪的挑战，正如物理学之于 20 世纪上半叶、遗传生物学之于 20 世纪下半叶一样。

　　理解和重塑智慧虽然艰难异常，但它无疑是四个问题中最关键的一个挑战。原因是，解决智慧问题取得的进展既让我们增长了自己的智慧，也让帮助我们解决其他重大问题的计算机变得更加聪明。

　　就在 100 年前，我们还相信银河就是整个宇宙，直到爱德文·哈勃（Edwin Hubble）向我们揭示了银河系只是大约 200 亿个星系之中的渺小一员。就在 70 年前，我们还不知道遗传的奇迹是如何创造出来的，直到弗朗西斯·克里克和詹姆斯·沃森向我们揭示了隐藏在每个细胞中的密码。从那时起，科学发展几乎让我们的平均寿命翻了一倍，更让我们的知识成倍增长。换句话说，科学为人类进化增添了又一份力量。

显然，自然选择塑造了现代人，用同样的工具它也塑造了蕨类植物和猴面包树、昆虫和大象：这些工具就是基因。但只是基因不足以解释人类智慧的演化。这其中还有思想，也就是生物学家理查德·道金斯（Richard Dawkins）称之为"模因"的东西。模因就像基因一样，能够相互竞争或相互合作，既能保存也能变异。的确，思想的传播正如病毒一样，先是复制，然后再进化、选择。

人类发展出的科技，从火的利用到轮子的发明都已经演变成了人类自身进化中的一个组成部分，人类进化已然和文化发展、科技发展无法分割了。从这一角度看，我们可以说人类逐渐拥有了一种超级大脑，一种全面的智慧，超越了个体的智慧。举个简单的例子：世界上没有一个人能够明白（或制造）所有的微芯片、所有的饮食和交流系统，更不能明白现代智能手机中包含的所有软件——如今的一台智能手机比 NASA 最初几次阿波罗任务中使用的电脑要强大几百万倍。

我们正站在人工智能，特别是机器学习正式迈出脚步的历史关键点上。神经科学和计算机科学的融合注定要将一定量的智慧注入不断完善的机器中，这一点可能会在公众健康、教育、安全等领域引起争议，也会在更广泛的意义上影响到这个从艰难选择中诞生的艰难世界的整体繁荣。我个人一直深信，在未来，人工智能将会帮助我们做出更优越的集体选择。在这样一个已然全球化的、被人类彻底改变的地球上，这些选择对于我们应付困境来说是非常有必要的。

有人可能认为，这种对于智慧进化的"宇宙"观和未来观念对于一本大脑科普读本来说没什么关联。我觉得事实正好相反。正是大脑一代又一代积累的知识绘制了整个我们熟知的世界。不过就像马克·马格里尼观察到的那样，神经机器的个人用户对机制的工作原理普遍不甚了解。大脑的异常机制有时无法预知、违背直觉，在神经科学研究中越来越为人们熟知，但对此大多数的人们还是一无所知。

到了 21 世纪，应该消除这样的差距。学校的任务是提供教育内容，然而却丝毫没有涉及关于这个学习用的复杂生物机器到底是什么、它是如何工作的等等问题。认识情绪和感情背后、动力与创造力背后的电化学过程完全不会减少生活的乐趣，这样反而能够让人真正地更加清醒地生活。从我个人出发，我希望能有越来越多的人，从各个国家的代表性从政人士开始，能够了解我们迄今为止掌握的知识，并准备好随时为了明天将会发现的知识而改变想法。

就像哥白尼、伽利略和哈勃改变了人们关于我们在宇宙中所处位置的知识一样，大量神经科学研究正在探索整个宇宙中最复杂、最惊人的东西——人脑。这本书就为此做了一个非常完美的总结，甚至还成功地用风趣的形式展现了出来。

托马索·波乔

麻省理工学院 大脑、意识与机器研究中心（CBMM）主任

致 谢

2013 年，我的大脑决定结束我与《24 小时太阳报》长达 24 年的合作经历，然后开始渴望深入研究与人工智能相关的主题，所以我找到托马索·波乔教授寻求他的帮助。他是计算神经科学的奠基人之一，我在几个月前的一次采访中认识了他。波乔教授十分热情地招待我在麻省理工学院度过了三个月，并和我成了好友。

那些日子里，我前所未有地沉浸在人类智慧的机制里，我的大脑便自动地产生了一个想法："几乎每件事物都有使用手册，大到冰箱小到电动牙刷，但我们人人都有的最重要的机器却没有。"撰写这本以"普通性"取胜的书的主意便由此诞生。所以我第一个要感谢的就是"托米"，大家都这样叫他（波乔教授）。

第二个要感谢的是我的妻子 Barbara Venturini-Guerrini，除了像姐姐一样照顾我之外，她还在本书撰写过程中帮我审稿（她是神经学家），提供了很多建议，以及恰到好处的多巴胺，为我提供持续的动力。

感谢 Todd Parrish 和 Daniele Procissi，两位芝加哥西北大学的教授，为我讲解了功能核磁共振成像技术（还带我在机器里面转了转）。感谢帕多瓦大学的 Andrea Camperio Ciani 为我提供大脑模型的建议。感谢"我的"编辑 Veronica Pellegrini。感谢 Laura Venturi 的排版和她的耐心。

以下这些人（排名不分先后）也鼓励了我并参与了讨论：Anna Miragliotta、Alberto Miragliotta、Anna Pelassa、Piergiorgio Pelassa、Annalisa Malan、Andrea Malan、Valentina Gangemi、Aldo Gangemi、Maurizio Bugli、Alex Jacopozzi、Monica Mani、Cesare Peruzzi、Graeme Gourlay、Annamaria Ferrari、Eleonora Gardini、Marco Pratellesi、Patrizia Guarnieri、Luca Magrini、Giuditta Gemelli、Pierre de Gasquet、Celio Gremigni、Alessandro Bronzi、Piero Borri、Massimo Ercolanelli、Francesco Maccianti，还有很多其他人，包括我那些可爱的同班同学，以及我的孩子 Jacopo 和 Carolina，我将这本书献给他们。

特别鸣谢 Marco Lamioni，他是一位精致的音乐家，一位绅士，满怀兴趣地听我讲述了这本关于大脑的书，尽管本书可能精准地攻击到了他的弱点。

参考文献

- Brynjolfsson Erik, McAfee Andrew, *La nuova rivoluzione delle macchine. Lavoro e prosperità nell'era della tecnologia trionfante*, Feltrinelli, Milano 2015

- Burnett Dean, *The idiot brain. A neuroscientist explains what your head is really up to*, Guardian Books/Faber & Faber, London 2016

- Carr Nicholas, *Internet ci rende stupidi? Come la rete sta cambiando il nostro cervello*, Raffaello Cortina Editore, Milano 2010

- Crick Francis, *The astonishing hypothesis. The scientific search for the soul*, Scribner, New York 1994

- Damasio Antonio, *L'errore di Cartesio. Emozione, ragione e cervello umano*, Adelphi, Milano 2007

- Dawkins Richard, *Il più grande spettacolo della Terra. Perché Darwin aveva ragione*, Arnoldo Mondadori Editore, Milano 2010

- Dennett Daniel, *L'evoluzione della libertà*, Raffaello Cortina Editore, Milano 2004

- Doidge Norman, *Il cervello infinito. Alle frontiere della neuroscienza: storie di persone che hanno cambiato il proprio cervello*, Ponte alle Grazie/Adriano Salani editore, Milano 2007

- Duhigg Charles, *La dittatura delle abitudini*, Corbaccio, Milano 2012

- Dweck Carol, *Mindset. Cambiare forma mentis per raggiungere il successo*, Franco Angeli, Milano 2017

- Foer Joshua, *L'arte di ricordare tutto*, Longanesi, Milano 2011

- Kurzweil Ray, *The age of spiritual machines: when computers exceed human intelligence*, Penguin, New York 2000

- Kurzweil Ray, *Come creare una mente. I segreti del pensiero umano*, Apogeo Next, Milano 2013

- Marcus Gary. *Kluge. The haphazard construction of the human mind*, First Mariner Books,

New York 2009

• Markoff John, *Machines of loving grace. The quest for common ground between humans and robots*, HarperCollins, New York 2015

• Mlodinow Leonard, *Subliminal. The new unconscious and what it teaches us*, Allen Lane, London 2012

• Newport Cal, *Deep work. Rules for focused success in a distracted world*, Piatkus, London 2016

• O'Shea Michael, *The Brain: a very short introduction*, Oxford University Press, Oxford 2005

• Oakley Barbara, *A mind for numbers. How to excel at math and science*, Penguin, New York 2014

• Punset Eduardo, *L'anima è nel cervello. Radiografia della macchina per pensare*, Marco Tropea Editore, Milano 2008

• Ridley Matt, *Nature via Nurture. Genes, experience and what makes us human*, Fourth Estate, London 2003

• Sacks Oliver, *Musicofilia. Racconti sulla musica e il cervello*, Adelphi, Milano 2010

• Sapolsky Robert M., *The trouble with testosterone. And other essays on the biology of the human predicament*, Scribner, New York 1997

• Shermer Michael. *Homo credens. Perché il cervello ci fa coltivare e diffondere idee improbabili*, UAAR, Roma 2015

• Tononi Giulio, *Phi. Un viaggio dal cervello all'anima*, Codice, Torino 2014

• Wright Robert, *Nonzero. The logic of human destiny*, Pantheon Books, New York 2000